Sitzungsberichte der Heidelberger Akademie der Wissenschaften
Mathematisch-naturwissenschaftliche Klasse

Die Jahrgänge bis 1921 einschließlich erschienen im Verlag von Carl Winter, Universitätsbuchhandlung in Heidelberg, die Jahrgänge 1922—1933 im Verlag Walter de Gruyter & Co. in Berlin, die Jahrgänge 1934—1944 bei der Weißschen Universitätsbuchhandlung in Heidelberg. 1945, 1946 und 1947 sind keine Sitzungsberichte erschienen.

Ab Jahrgang 1948 erscheinen die „Sitzungsberichte" im Springer-Verlag.

Inhalt des Jahrgangs 1960/61:
1. R. Berger. Über verschiedene Differentenbegriffe. (vergriffen).
2. P. Swings. Problems of Astronomical Spectroscopy. (vergriffen).
3. H. Kopfermann. Über optisches Pumpen an Gasen. (vergriffen).
4. F. Kasch. Projektive Frobenius-Erweiterungen. (vergriffen).
5. J. Petzold. Theorie des Mößbauer-Effektes. (vergriffen).
6. O. Renner. William Bateson und Carl Correns. (vergriffen).
7. W. Rauh. Weitere Untersuchungen an Didiereaceen. (vergriffen).

Inhalt des Jahrgangs 1962/64:
1. E. Rodenwaldt und H. Lehmann. Die antiken Emissare von Cosa-Ansedonia, ein Beitrag zur Frage der Entwässerung der Maremmen in etruskischer Zeit. (vergriffen).
2. Symposium über Automation und Digitalisierung in der Astronomischen Meßtechnik. Herausgegeben von H. Siedentopf. (vergriffen).
3. W. Jehne. Die Struktur der symplektischen Gruppe über lokalen und dedekindschen Ringen. (vergriffen).
4. W. Doerr. Gangarten der Arteriosklerose. (vergriffen).
5. J. Kuprianoff. Probleme der Strahlenkonservierung von Lebensmitteln. (vergriffen).
6. P. Čolak-Antič. Dreidimensionale Instabilitätserscheinungen des laminarturbulenten Umschlages bei freier Konvektion längs einer vertikalen geheizten Platte. (vergriffen).

Inhalt des Jahrgangs 1965:
1. S. E. Kuss. Revision der europäischen Amphicyoninae (Canidae, Carnivora, Mam.) ausschließlich der voroberstampischen Formen. (vergriffen).
2. E. Kauker. Globale Verbreitung des Milzbrandes um 1960. (vergriffen).
3. W. Rauh und H. F. Schölch. Weitere Untersuchungen an Didieraceen. (vergriffen).
4. W. Felscher. Adjungierte Funktoren und primitive Klassen. (vergriffen).

Inhalt des Jahrgangs 1966:
1. W. Rauh und I. Jäger-Zürn. Zur Kenntnis der Hydrostachyaceae. 1. Teil. (vergriffen).
2. M. R. Lemberg. Chemische Struktur und Reaktionsmechanismus der Cytochromoxydase (Atmungsferment). (vergriffen).
3. R. Berger. Differentiale höherer Ordnung und Körpererweiterungen bei Primzahlcharakteristik. (vergriffen).
4. E. Kauker. Die Tollwut in Mitteleuropa von 1953 bis 1966. (vergriffen).
5. Y. Reenpää. Axiomatische Darstellung des phänomenal-zentralnervösen Systems der sinnesphysiologischen Versuche Keidels und Mitarbeiter. (vergriffen).

Inhalt des Jahrgangs 1967/68:
1. E. Freitag. Modulformen zweiten Grades zum rationalen und Gaußschen Zahlkörper. (vergriffen).
2. H. Hirt. Der Differentialmodul eines lokalen Prinzipalrings über einem beliebigen Ring. (vergriffen).
3. H. E. Suess, H. D. Zeh und J. H. D. Jensen. Der Abbau schwerer Kerne bei hohen Temperaturen. (vergriffen).
4. H. Puchelt. Zur Geochemie des Bariums im exogenen Zyklus. (vergriffen).
5. W. Hückel. Die Entwicklung der Hypothese vom nichtklassischen Ion. (vergriffen).

Sitzungsberichte der Heidelberger Akademie der Wissenschaften
Mathematisch-naturwissenschaftliche Klasse
Jahrgang 1977, 5. Abhandlung

H. Riedl Th. Nemetschek

Molekularstruktur und mechanisches Verhalten von Kollagen

Mit 31 Abbildungen

(Vorgelegt in der Sitzung vom 29. Oktober 1977)

Springer-Verlag Berlin Heidelberg GmbH 1977

Professor Dr. Theobald Nemetschek
Dipl.-Phys. Hans Riedl
Pathologisches Institut der Universität Heidelberg
Abteilung für Ultrastrukturforschung
Im Neuenheimer Feld 220–221
6900 Heidelberg

ISBN 978-3-540-08618-5   ISBN 978-3-662-08825-8 (eBook)
DOI 10.1007/978-3-662-08825-8

Das Werk ist urheberrechtlich geschützt. Die dadurch begründeten Rechte, insbesondere die der Übersetzung, des Nachdruckes, der Entnahme der Abbildungen, der Funksendung, der Wiedergabe auf photomechanischem oder ähnlichem Wege und der Speicherung in Datenverarbeitungsanlagen bleiben, auch bei nur auszugsweiser Verwertung, vorbehalten.

Bei Vervielfältigung für gewerbliche Zwecke ist gemäß § 54 UrhG eine Vergütung an den Verlag zu zahlen, deren Höhe mit dem Verlag zu vereinbaren ist.

© by Springer-Verlag Berlin Heidelberg 1977
Ursprünglich erschienen bei Springer-Verlag Berlin Heidelberg New York in 1977

Die Wiedergabe von Gebrauchsnamen, Warenbezeichnungen usw. in diesem Werk berechtigt auch ohne besondere Kennzeichnung nicht zu der Annahme, daß solche Namen im Sinne der Warenzeichen- und Markenschutz-Gesetzgebung als frei zu betrachten wären und daher von jedermann benutzt werden dürften.

Herrn Professor Dr. Dr. Ulrich Hofmann
zur Vollendung des 75. Lebensjahres (22. 1. 1978) gewidmet

Inhalt

Zusammenfassung 9
1. Einleitung 9
2. Material und Methoden 10

    Peakauswertung 12
    Mechanische Messungen 13

3. Meßergebnisse 15
    Röntgenmessungen bei konstanter Spannung 15
    Mechanische Messungen 19
    Messungen bei konstanter Dehnung (Relaxation) 21
    Zugversuch mit konstanter Dehnungsgeschwindigkeit 26

4. Diskussion 27

Literatur 39

Zusammenfassung

An Kollagenfasern aus Rattenschwanzsehnen unterschiedlichen Alters wurden kombinierte mechanische und röntgenographische Messungen durchgeführt.

Zeitabhängige molekulare Umordnungen wurden mit Hilfe der Synchrotronstrahlung registriert und dabei gefunden, daß:

1. die Lage des 670 Å Langperioden- sowie des 2.86 Å Reflexes sich beim Dehnen der nativ feuchten Fasern zu höheren Werten verschieben,
2. die hieraus ermittelte Längung der Dreierschrauben bis zu 4% beträgt,
3. diese Längung nach Entspannung der Faser reversibel und somit elastisch ist und
4. die Langperiodenänderung nicht durchgehend proportional dem Verstreckungsgrad der Probe folgt, sondern daß diese Abhängigkeit mit dem von BOWITZ et al. (1975) beobachteten biphasischen Spannungs-Dehnungs-Verhalten von Kollagen in Zusammenhang steht.

An Hand der Messungen unter Einsatz der Synchrotronstrahlung sowie der mit konventionellen Röntgenanlagen ermittelten Daten wird ein Kollagenmodell unterstützt (TORP et al., 1974), das davon ausgeht, daß die Kollagenfibrillen in eine Matrix aus hochmolekularen Eiweißzuckern eingebettet sind, die viskoelastische Eigenschaften besitzt und bei kleinen Dehnungen die Kraftübertragung zwischen den Fibrillen übernimmt. Mit Hilfe dieses Modells wird weiter der Versuch unternommen, die Ergebnisse der mechanischen Messungen zu interpretieren. Es wird ferner das mechanische Verhalten der Kollagenfasern mit dem von mathematischen Modellen verglichen, wodurch es in bestimmten Fällen gelingt, die mechanischen Eigenschaften durch einfache Parameter und Zustandsgleichungen zu charakterisieren.

Es wird nachgewiesen, daß der mit zunehmendem Alter des Kollagens ansteigende Vernetzungsgrad einen konstanten Wert erreicht und den jeweiligen funktionsmechanischen Erfordernissen angepaßt sein dürfte.

1. Einleitung

Das Biopolymer Kollagen zeigt, ähnlich wie synthetische Polymere, ein kompliziertes mechanisches Verhalten, das am besten mit Begriffen aus der Theorie der Viskoelastizität beschrieben werden kann. Im Unterschied zu ideal elastischen Stoffen ist das Verhalten viskoelastischer Körper zeitabhängig, d.h. es ändert sich mit der Belastungs- bzw. Deformationsgeschwindigkeit. Neben der phänomenologischen Methode, die das Verhalten der untersuchten Substanz durch ein mathematisches Modell beschreibt, stehen die Versuche, die Eigenschaften bzw. die Funktion eines solchen Stoffes aus seiner Struktur zu erklären. Man erhält Informationen über diesen Sachverhalt, sofern untersucht wird, wie sich die Struktur z.B. unter mechanischer Beanspruchung ändert. Zur Erfassung solcher Umordnungsvorgänge bietet sich besonders die Röntgenbeugung an, da diese Methode keine Vorbehandlung wie z.B. Trocknung der nativen Probe erfordert, die deren mechanische Eigenschaften beeinflussen würde. An *trockenen* Fasern konnte bereits RANDALL (1954) zeigen, daß eine Dehnung mit einem annähernd proportionalen Anstieg der für Kollagen charakteristischen 670 Å Langperiode verbunden ist. Die Dehnung trockener Fibrillen unter den Bedingungen, die im Elektronenmikroskop herrschen, führte schließlich zu einer Identitätsperiode von 1200 Å gegenüber einer solchen von 670 Å (NEMETSCHEK et al., 1955). Somit müßten die Polypeptidketten, wie HOFMANN 1955 gefordert hatte, ohne zu reißen, eine Dehnung auf etwa das Doppelte erlauben. Ausgangspunkt der vorliegenden Untersuchungen war nun die Beobachtung, daß beim Verstrecken *nativ feuchter* Fasern keine Änderung der Langperiode im Röntgendiagramm registriert werden konnte (HOSEMANN et al., 1974). Da bei viskoelastischen Stoffen Zeiteffekte bekanntlich eine große Rolle spielen, lag es nahe, das Ausbleiben der Langperiodenänderung auf die erforderlichen langen Expositionszeiten zurückzuführen, die beim Einsatz konventioneller Röntgenröhren notwendig sind. Aus diesem Grunde wurden die Messungen mit Hilfe der Synchrotronstrahlung fortgesetzt, da hierdurch eine Verkürzung der Expositionszeiten um den Faktor 10^3 erzielt werden kann.

2. Material und Methoden

Als *Untersuchungsmaterial* dienten Kollagenfasern aus Rattenschwanzsehnen unterschiedlichen Alters. Die freipräparierten Fasern wurden unter Haemaccel oder Ringer-Lösung bei $\sim 2°C$ aufbewahrt. Der native Zustand wurde bei allen anschließenden Messungen ebenfalls unter diesen Flüssigkeiten aufrecht erhalten.

Röntgenbeugung unter Einsatz der $Cu-K_\alpha$-Strahlung mit Hilfe von Kiessig- und Kratky-Kammern bei Filmregistrierung.

Synchrotronstrahlung. Mit dem Ziele, Kurzzeitumordnungen registrieren zu können, wurde die Synchrotronstrahlung eingesetzt, wie sie z.B. am Deutschen Elektronensynchrotron (DESY) in Hamburg zur Verfügung steht (ROSENBAUM et al., 1971).

Teilchenbeschleuniger erzeugen die Synchrotronstrahlung gewissermaßen als Abfallprodukt. Im Synchrotron werden Elektronen auf einer Kreisbahn nahezu bis auf Lichtgeschwindigkeit beschleunigt; aufgrund ihrer Zentralbeschleunigung sowie relativistischer Effekte emittiert ein solches System tangential zur Teilchenbahn elektromagnetische Strahlung. Es handelt sich hierbei um eine sehr intensive Strahlung großer Bandbreite, deren Maximum im Frequenzspektrum im Bereich der weichen Röntgenstrahlung liegt. Die Intensität, die dabei zur Verfügung steht, liegt etwa um den Faktor 10^3 höher als die

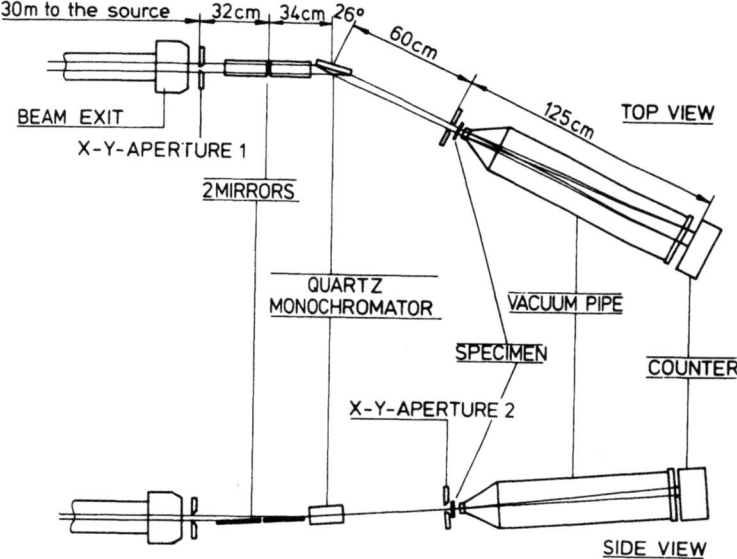

Abb. 1. Strahlengang der Kleinwinkelröntgenanlage am DESY (nach LEIGH und ROSENBAUM, 1976)

mit herkömmlichen Röntgenröhren erreichbare. Der aus dem Synchrotrontunnel herauskommende Strahl wird mit Hilfe von Blenden, Spiegeln und einem Quarzmonochromator auf das Zählrohr bzw. den Film fokussiert (Abb. 1). Man kann mit dieser Anordnung Fokusdurchmesser von 0,1 bis 0,5 mm erhalten. Am Ort der Probe hat der Strahlquerschnitt Abmessungen zwischen 5×1 und $2 \times 0,5$ mm^2; er liegt damit in der Höhenausdehnung in der Größenordnung des Faserdurchmessers, so daß es zur Ausnutzung der vollen Strahlintensität praktisch notwendig ist, die Faser mit dem Strahlquerschnitt zur Deckung zu bringen. Diese, sowie alle anderen zur Justierung der optischen Bank notwendigen Manipulationen müssen fernbedient durchgeführt werden.

Die Spektren wurden mit einem positionsempfindlichen Zähler registriert, der mit einem Argon-Methan-Gemisch betrieben wurde (BORKOWSKY und KOPP, 1968; GABRIEL und DUPONT, 1972). Der Hauptvorteil gegenüber den herkömmlichen Zählern mit Schrittschaltwerk besteht darin, daß das gesamte Beugungsspektrum gleichzeitig registriert wird, wodurch Schwankungen der Primärintensität keinen Einfluß auf die relativen Reflexintensitäten haben. Weiterhin ist es möglich, in dem Zeitraum, in dem man mit der herkömmlichen Methode einen Meßpunkt registrierte, den Gesamtverlauf des Spektrums zu ermitteln. Aufgrund dieser Empfindlichkeit und in Verbindung mit der hohen Primärstrahlintensität erhielt man schon nach Zählzeiten von 100 s hoch aufgelöste Spektren. Die große Genauigkeit der Peakauswertung von etwa 0,3 % ergab sich außerdem durch eine spezielle Auswertemethode, die in Zusammenarbeit mit Herrn ROSENBAUM (1977) entwickelt wurde.

Da sämtliche Funktionen der am DESY benutzten optischen Bank fernbedient werden, mußte eine Probenhalterung gebaut werden, mit der die Küvette mittels eines Servomotors definiert in vertikaler Richtung verschoben werden kann.

Um die Faser definiert vordehnen zu können, waren die Querschnitte vorher bestimmt worden. Da der Verlauf der Spannungs-Dehnungskurve bekannt ist, kann man dann die Spannungswerte ermitteln, die bestimmten Dehnungen entsprechen. Diese Spannungen wurden während der Exposition konstant gehalten.

Peakauswertung

Um die Lage der Kleinwinkelreflexe genau bestimmen zu können, wurde eine einfache Peakortbestimmungsmethode entwickelt. Sie besteht im wesentlichen darin, daß man den experimentell erhaltenen Peak durch eine Gaußkurve derart approximiert, daß die Summe der quadratischen Abweichungen der experimentell erhaltenen Werte von der Näherungskurve ein Minimum annimmt.

Ein Peak der Höhe y_0 am Ort x_0 wird beschrieben durch

$$y = y_0 \cdot \exp\left(-\frac{(x-x_0)^2}{\sigma^2}\right). \tag{1}$$

Die Beziehung zwischen der Halbwertsbreite H und σ erhält man über:

$$y_0/2 = y_0 \cdot \exp\left(-\frac{H^2}{4\sigma^2}\right). \tag{2}$$

$$\sigma \approx 0{,}6 \cdot H.$$

Durch Logarithmieren von (1) erhält man:

$$\pm \sqrt{\ln(y_0/y)} = \frac{1}{\sigma}(x-x_0). \tag{3}$$

Trägt man $\sqrt{\ln(y_0/y)}$ gegen x auf, so erhält man zwei Geraden, die sich im Punkt $P(0/x_0)$ schneiden.

Man geht bei der Peakauswertung in der Weise vor, daß man einen Näherungswert $y_0^+ = y_{max} - y_u$ für die Peakhöhe ermittelt. Hierbei entspricht y_{max} der maximalen Impulszahl, die am Peakmaximum gemessen wird und y_u der geschätzten Intensität der Untergrundstreuung. Mit Hilfe dieser Größe und der gemessenen Streuintensitäten y stellt man Wertepaare $(x, \sqrt{y_0^+/(y-y_u)})$ auf und trägt sie in ein Diagramm ein. Ein Beispiel für eine solche Auftragung ist in Abb. 2 gezeigt. Anhand eines solchen Diagramms läßt sich ermitteln, bei welchen Werten die Meßkurve deutlich vom Verlauf der Gaußkurve abweicht. Dies ist naturgemäß bei Punkten der Fall, die wesentlich weiter als die halbe Halbwertsbreite vom Maximum entfernt sind, da hier der auszuwertende Peak schon stark durch seine Nachbarn gestört ist. Abweichungen treten auch in der Nähe des Maximums auf, da hier die Größe $\sqrt{y_0^+/(y-y_u)}$ besonders empfindlich gegen Änderungen im y-Wert ist. Die Punkte, die nach der Zeichnung annähernd auf einer Geraden liegen, werden zur Berechnung von Ausgleichsgeraden herangezogen, deren Schnittpunkt den Peakort x_0 liefert. Aus den Steigungen der Ausgleichsgeraden läßt sich nach (2) und (3) die Halbwertsbreite des Peaks bestimmen, so daß man den Wert überprüfen kann, den man zu Beginn der Auswertung für die Intensität der Untergrundstreuung angenommen hat. Es hat sich jedoch gezeigt, daß die Peakortbestimmung gegen Schwankungen in der Wahl dieser Intensität recht unempfindlich ist.

Fehler in der Lagebestimmung des Maximums ergeben sich u.a. dadurch, daß die Impulszahl y mit dem statistischen Fehler $\sqrt{y}$ behaftet ist. Der relative Fehler beträgt demnach $\sqrt{y}/y = 1/\sqrt{y}$, er nimmt mit wachsenden Impulsraten ab. Der bei der Peakortbe-

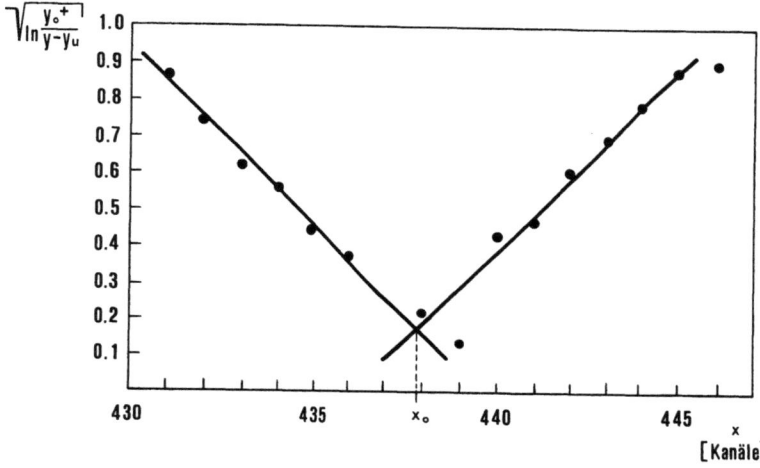

Abb. 2. Hilfsdiagramm zur Peakortbestimmung. Auftragung von $\sqrt{\ln\dfrac{y_0^+}{y-y_u}}$ gegen x

stimmung auftretende Fehler ist jedoch größer, er beträgt $\sqrt{y/(y-y_u)} > 1/\sqrt{y}$. Der Fehler wächst also bei gleicher Peakhöhe mit wachsender Untergrundstreuung. Mit Hilfe des Fehlerfortpflanzungsgesetzes läßt sich ermitteln, wie sich die Unsicherheit bezüglich der Lage der Meßpunkte im Rahmen der oben erläuterten Methode auf die Genauigkeit der Peakortbestimmung auswirkt. Bei einem Peak, dessen maximaler Wert y_{max} 7400 Impulsen entspricht und bei einem Untergrund von 1200 Impulsen ergab sich ein mittlerer Fehler von 0,15%. Da die Langperiode aus der Differenz zweier Peaklagen berechnet wird, ergibt sich hierbei eine Unsicherheit von 0.3%. Bei einem Beispiel mit $y_{max} = 960$ und $y_u = 580$ berechnete sich der Fehler in der Langperiodenbestimmung zu 0,7%. Diese Beispiele lassen sich jedoch schwer verallgemeinern, da außer dem Verhältnis y_{max}/y_u auch die Anzahl der „verwertbaren" Meßpunkte in die Fehlerrechnung eingeht.

Mechanische Messungen

Die mechanischen Messungen wurden mit einer im Labor entwickelten Meßeinrichtung ausgeführt (BOWITZ, 1975). Das Kernstück der Apparatur ist ein Rahmen aus Edelstahl, der mit zwei Deckeln zu einer Küvette (NEMETSCHEK und MACK, 1973) ergänzt werden kann. Diese dient auch als Probenhalter für die Anfertigung von Röntgendiagrammen, bei denen das Präparat feucht gehalten werden muß. Aufgrund dieser Anordnung ist es möglich, mechanisch definiert vorbehandelte Proben röntgenographisch zu untersuchen.

Es erwies sich als schonendste Art der Probenbefestigung, die Faserenden mit Knoten zu versehen und diese in Doppelhaken einzuhängen. Da sich beim Verstrecken der Probe die Knoten in den Haken zusammenziehen, ändern sich Faserlänge und Hakenabstand nicht in derselben Weise. Aus diesem Grund werden an der Faser die Klemmen eines Dehnungsaufnehmers befestigt, mit denen praktisch rückwirkungsfrei (0,3 p/cm) die Faserdehnung gemessen werden kann. Die von den als Kraftaufnehmer dienenden Deh-

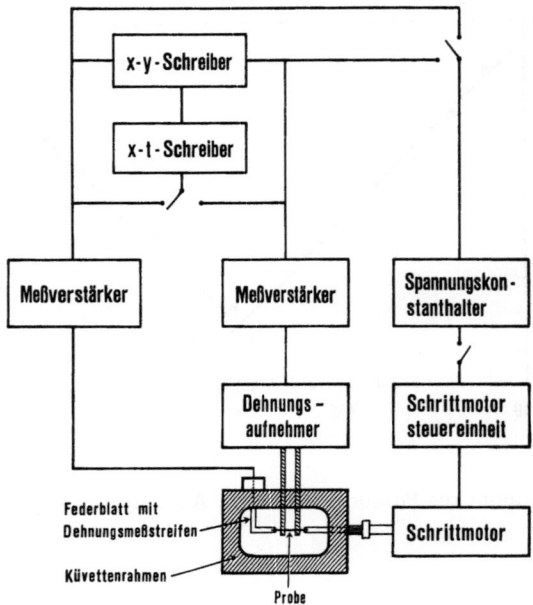

Abb. 3. Blockschaltbild der Versuchsanordnung zur Spannungs-Dehnungs-Messung (nach BOWITZ, 1975)

nungsmeßstreifen und dem Dehnungsaufnehmer erzeugten Ausgangssignale werden durch Meßverstärker verstärkt und je nach Meßproblem zur Regelung des Schrittschaltmotors benutzt, oder direkt mit einem x-y- oder x-t-Schreiber aufgezeichnet. Das Blockschaltbild der Versuchsanordnung zeigt Abb. 3.

Um aus den gemessenen Kräften die Spannungen zu ermitteln, benötigt man den Probenquerschnitt. Zur Querschnittsbestimmung dienten lichtoptische Vergrößerungen von Gefrierschnitten. Die Flächenbestimmung der Gefrierschnitte geschah durch Wägen. Wie Seriengefrierschnitte ergaben, ist der Querschnitt bei Kollagenfasern aus Rattenschwanzsehnen längs der Faserachse nicht konstant. Drückt man die Querschnittsflächen A durch effektive Radien r_{eff} aus ($A = r_{eff}^2 \cdot \pi$), so beobachtet man annähernd eine Abhängigkeit der Form $r_{eff}(x) = r_0 + a \sin 2\pi \frac{x}{\lambda}$. Die Faser zeigt in diesem Fall ein inhomogenes Spannungs-Dehnungsverhalten längs der Achse. Während sich der E-Modul einer zylindrischen Probe vom Radius r berechnet zu:

$$E_{Zyl} = \frac{\sigma}{\varepsilon} = \frac{F}{r^2 \cdot \pi} \cdot \frac{l}{\Delta l},$$

gilt im vorliegenden Fall:

$$E_{\sin} = \frac{F}{\Delta l \cdot \pi} \cdot \int_0^l \frac{dx}{r_{eff}^2} = \frac{F \cdot r_0}{\pi (r_0^2 - a^2)^{\frac{3}{2}}} \cdot \frac{l}{\Delta l}. \quad (4)$$

Wie gezeigt werden konnte (RIEDL et al., 1977), kann man für $a \ll r_0$ die Formel verwenden, die exakt für die konisch verlaufende Faser gilt. Mit $r_1 = r_0 - a$ und $r_2 = r_0 + a$ erhält man:

$$E_{\sin} \approx \frac{F}{\pi \cdot r_1 \cdot r_2} \cdot \frac{l}{\Delta l}. \tag{5}$$

Da die „Wellenlänge" λ der Sinusfunktion bei einer Faser aus Rattenschwanzsehnen etwa 1 mm beträgt, zerlegt man jeweils ein Faserstück von $\approx 0,5$ mm Länge in Gefrierschnitte und benutzt den größten und kleinsten Querschnittswert zur Bestimmung des E-Moduls nach Formel (4) oder (5).

3. Meßergebnisse

Röntgenmessungen bei konstanter Spannung

Um etwaige elastische Deformationen der strukturtragenden Elemente (z.B. Subfibrillen) während der Exposition aufrecht zu erhalten, muß die Probe für diese Zeit unter der Einwirkung einer konstanten Spannung stehen, da die Faser nach Anlegen der Spannung noch lange Zeit retardiert. Abb. 4 zeigt ein typisches Kleinwinkelspektrum, das an einer um 7% verstreckten Faser erhalten wurde. Die Reflexe niedriger Ordnung sind nicht sichtbar, da zur Abschirmung der starken Streustrahlung ein breiter Bleistreifen vor dem Zählrohrspalt angebracht ist. Dies war jedoch nicht weiter störend, da zur Auswertung die Peaklagen der 9.

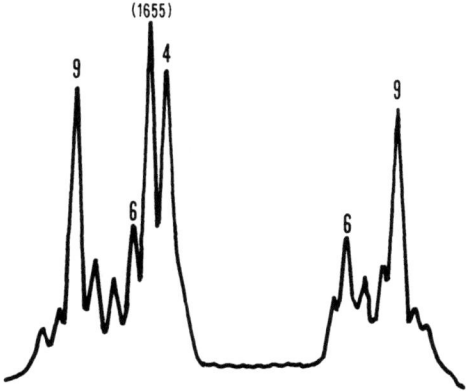

Abb. 4. Meridionales Kleinwinkeldiagramm einer um 7% verstreckten 22 mon alten Kollagenfaser. Expositionszeit 100 s, maximale Peakhöhe 1655 Impulse. Die Langperiode beträgt 685 ± 1 Å

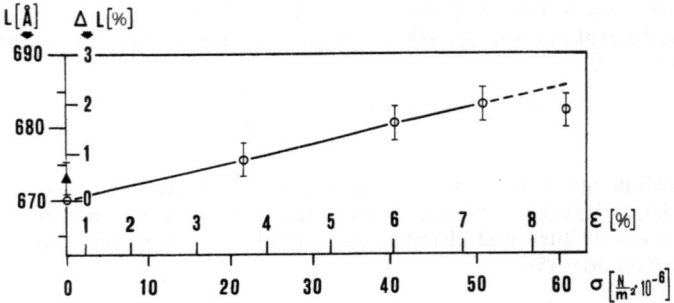

Abb. 5. Änderung der Langperiode einer nativen Kollagenfaser im Bereich von 3,5 bis 8,5% Faserdehnung (○) und nach Entspannen auf die Spannung 0 (▲)

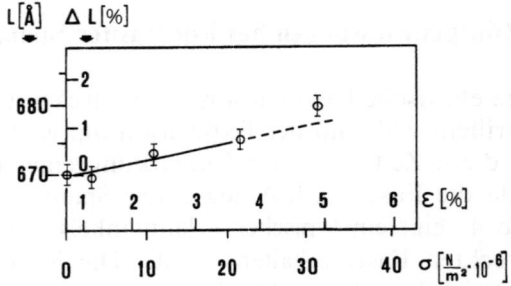

Abb. 6. Änderung der Langperiode einer nativen Kollagenfaser im Bereich bis 5% Faserdehnung

Ordnung des 670 Å Reflexes ausreichte. Asymmetrien im Spektrum dürften zum Teil auf eine leichte Schrägstellung der Faser, sowie auf den Detektor zurückzuführen sein, da hier Auflösung und Empfindlichkeit längs des Zähldrahtes nicht konstant sind (siehe z.B. die Trennung der 8. und 9. Ordnung!).

Eine Probe wurde auf 3,5, 6, 7,5 und 8,5% verstreckt und im Anschluß daran wieder auf 0 entspannt. In Abb. 5 ist die Langperiode in Abhängigkeit von der Spannung aufgetragen; daneben ist auch die zugeordnete Dehnung aufgeführt, die wegen des „Fußes" in der σ-ε-Kurve zu Beginn nicht linear ansteigt. Man erkennt, daß die Langperiodenänderung bis zu 7% Faserdehnung näherungsweise linear verläuft, von hier ab scheint sich jedoch die Abhängigkeit zu ändern. Beim Entspannen ging die Langperiode nicht ganz auf den Ausgangswert zurück, sondern blieb 0,5% darüber. Wie spätere Versuche ergaben, handelt es sich hierbei lediglich um einen Zeiteffekt. Läßt man zwischen den Messungen einige Minuten verstreichen, so gelangt man wieder zum

Molekularstruktur und mechanisches Verhalten von Kollagen 17

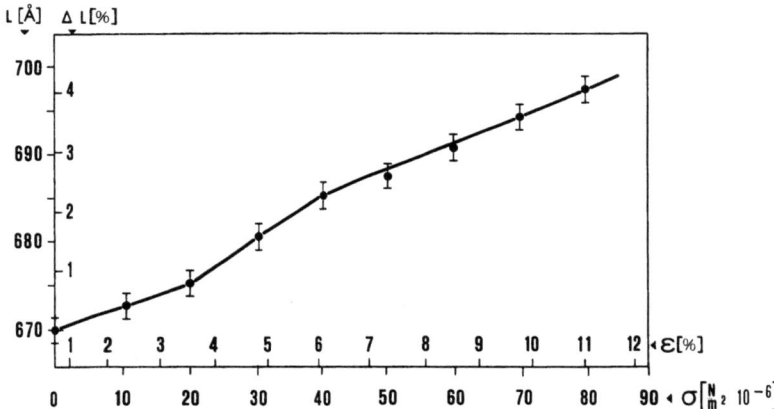

Abb. 7. Änderung der Langperiode einer nativen Kollagenfaser im Bereich bis 11% Faserdehnung

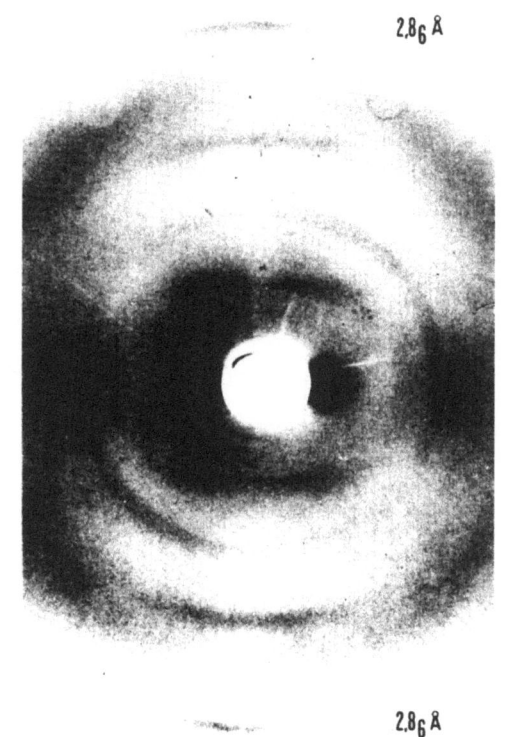

Abb. 8. Weitwinkeldiagramm einer ausgerichteten nativen Kollagenfaser (Expositionszeit: 300 s). (Der Doppelring rührt von der Hostaphan R6®-Folie des Küvettenfensters her). Synchrotronstrahlung: Abstand Präparat-Film: 75,4 mm

Ausgangswert. Eine Untersuchung der Langperiodenänderung im unteren Dehnungsbereich bis 5% ergab auch hier keine eindeutig lineare Abhängigkeit von der Spannung. Nach einem linearen Verlauf bis $\approx 4\%$ scheint die Kurve nach oben abzuknicken (Abb. 6). Um die angedeuteten Änderungen im Kurvenverlauf näher zu untersuchen, erschien es wünschenswert, eine Faser in kleinen Schritten bis zu großen ε-Werten zu dehnen. Abb. 7 zeigt die Langperiodenänderung im experimentell erfaßbaren Bereich von 0 bis 11% Faserdehnung. Die Kurve läßt sich durch drei Geraden unterschiedlicher Steigungen annähern. Diese Steigungen, die ein Maß dafür sind, wie stark sich die Langperiode mit der an der Faser anliegenden Spannung ändert, verhalten sich wie 5:9:6.

Von einer ausgerichteten sowie einer um 5% verstreckten Faser wurden ferner auch Weitwinkeldiagramme angefertigt. Allerdings mußten die Weitwinkelreflexe auf Film registriert werden, woraus sich eine um den Faktor 3 längere Expositionszeit (300 s) ergab (Abb. 8). Wie aus den Photometerkurven in Abb. 9 hervorgeht, liegt eine Vergrößerung der

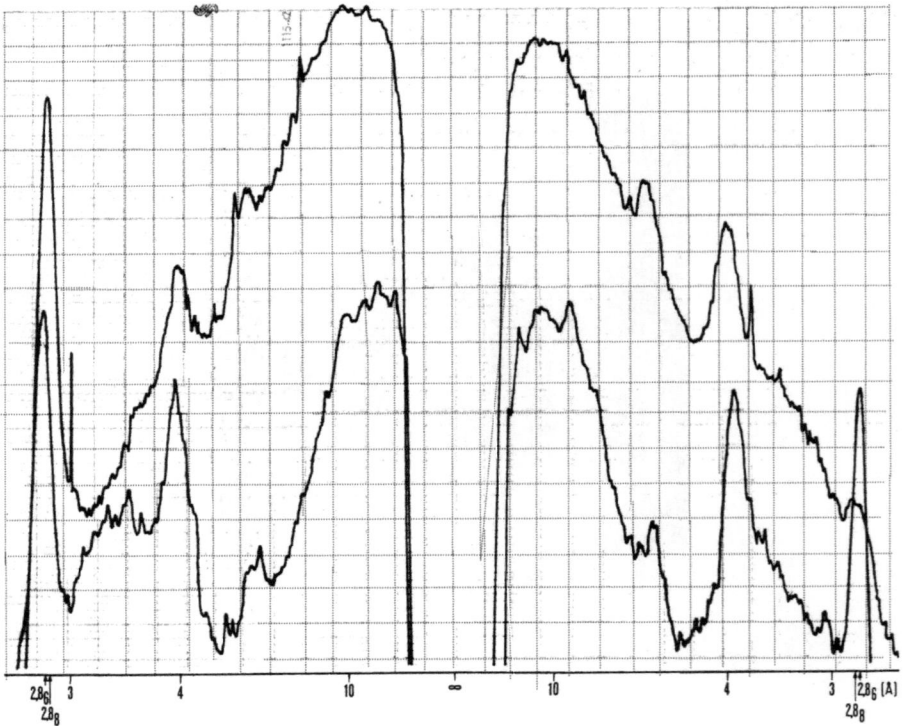

Abb. 9. Vergleich der Photometerkurven von Weitwinkeldiagrammen einer ausgerichteten (obere Kurve) und einer um 5% verstreckten Kollagenfaser (untere Kurve). Synchrotronstrahlung; Expositionszeit: 300 s)

2,86 Å Periode auf 2,875 Å vor, entsprechend einer Zunahme von 0,5 %. Die Langperiode änderte sich hingegen bei der gleichen Dehnung bereits um 1,5 %.

Mechanische Messungen

In Abb. 10 ist eine typische Retardationskurve wiedergegeben, die sich sinnvoll in 4 Abschnitte unterteilen läßt. Im ersten Bereich, der beim „idealen" Retardationsversuch mit stufenförmigem Spannungsverlauf eine unendlich große Steigung aufweisen sollte, erkennt man ein annähernd Hooksches Verhalten. Im Abschnitt 2 ist das „Kriechen" der Faser wiedergegeben. Die Ordinatendifferenzen zwischen der durch den Abschnitt 3 definierten Geraden und der Kriechkurve ließen sich in guter Näherung durch eine Exponentialfunktion approximieren. Die Kurvenform in den beiden letzten Abschnitten deutet auf zwei Fließvorgänge hin, die sich in 3 überlagern, während in 4 nur noch einer beobachtbar ist; der andere Fließvorgang müßte der Differenz der Steigungen in den Bereichen 3 und 4 entsprechen. Die auf diese Weise ermittelten Werte streuen jedoch so stark, daß eine Interpretation schwierig erscheint.

Den Faktor im Exponenten der aus der Kriechkurve gewonnenen Exponentialfunktion kann man mit $-1/\tau_{ret}$ identifizieren (τ_{ret} = Retardationszeit). Wie Abb. 11 zeigt, kann man für eine Probe keine eindeutige Retardationszeit angeben, da diese von der Spannung abhängt. Diese Abhängigkeit ist bei jungen Proben stärker ausgeprägt als bei alten. Wählt man als Maßzahl für eine Probe die maximale Retardationszeit, so erhält man die in Abb. 12 wiedergegebene Abhängigkeit. Die Versuchsergebnisse deuten darauf hin, daß sich etwa ab einem Alter von 20 mon das Retardationsverhalten der Faser nicht mehr ändert.

An der Steigung der Geraden im Abschnitt 4 in Abb. 10 läßt sich eine Änderung des irreversiblen Fließverhaltens mit dem Alter ablesen. Trägt

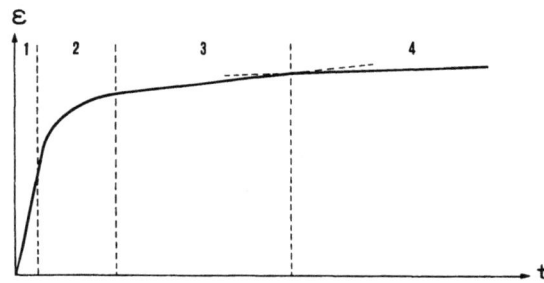

Abb. 10. Schema der Retardationskurve einer nativen Kollagenfaser (Nähere Erläuterungen im Text)

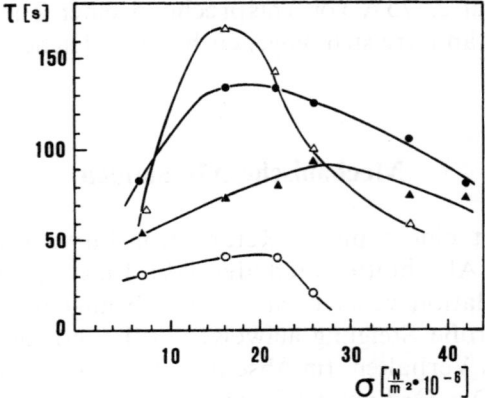

Abb. 11. Abhängigkeit von τ_{ret} von der Vorspannung für Proben verschiedenen Alters, sowie für mit Glutaraldehyd vernetzte Proben. (△: 6 mon; ●: 12 mon; ▲: 39 mon; ○: 39 mon und mit Glutaraldehyd vernetzt)

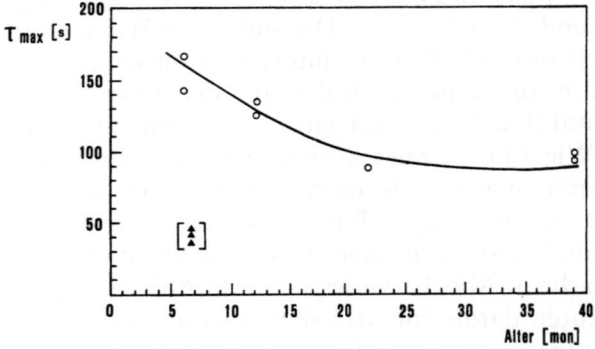

Abb. 12. Abhängigkeit der maximalen Retardationszeit vom Alter des Versuchstieres und von der Vorbehandlung mit Glutaraldehyd. (○: native Proben; △: 39 mon und mit Glutaraldehyd vernetzt)

man diese Steigung in Abhängigkeit von der Vorspannung auf, so erhält man für verschieden alte Fasern stark unterschiedliche Kurven (Abb. 13). Die Kurve für die 22 mon alte Probe wurde nicht eingezeichnet, da sie mit der an der 39 mon alten Faser gemessenen praktisch übereinstimmt. Wie schon bei den Retardationszeiten beobachtet wurde, scheint sich auch hier ab einem Alter von ≈ 20 mon nichts mehr zu ändern. Andererseits sind hier die Unterschiede zwischen alten und jungen Fasern wohl ausgeprägter als bei jeder anderen mechanischen Meßmethode.

Bei hohen Vorspannungswerten mißt man insbesondere bei jungen

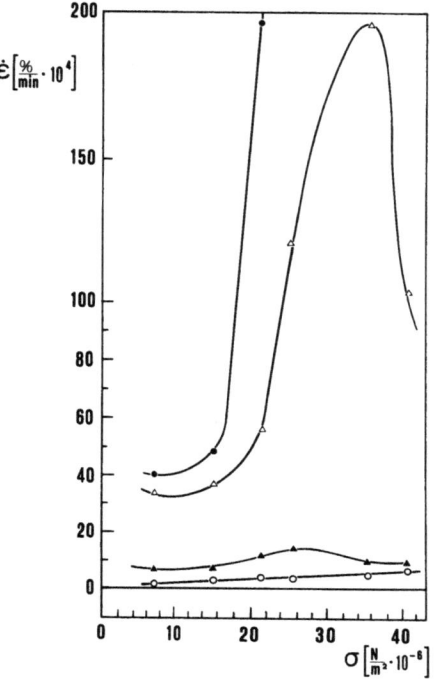

Abb. 13. Änderung der Steigung des Abschnitts 4 der Retardationskurve (Abb. 10) für Kollagenfasern verschiedenen Alters und für mit Glutaraldehyd vernetzte Fasern. (●: 6 mon; △: 12 mon; ▲: 39 mon; ○: 39 mon und mit Glutaraldehyd vernetzt)

Fasern oft Fließgeschwindigkeiten, die ein bis zwei Größenordnungen über den in Abb. 13 aufgeführten liegen. Oft ist dies mit der Erscheinung verbunden, daß die Steigung der Retardationskurve für große t-Werte zu- statt abnimmt. In diesen Fällen liegt mit großer Wahrscheinlichkeit bereits eine Schädigung der Faser vor; so könnte es sein, daß die Probe an einer oder an mehreren isolierten Stellen aufgrund von bereits vorher vorhandenen Defekten zu reißen beginnt, so daß kein homogenes Deformationsverhalten mehr angenommen werden kann.

Messungen bei konstanter Dehnung (Relaxation)

Um über das viskoelastische Verhalten der Dreierschraube Information zu erhalten, wurde ein Relaxationsversuch gemacht, in dessen Verlauf die Langperiode wiederholt vermessen wurde (Abb. 14). Die ausgerichtete Faser wurde hierzu um 6% vorgedehnt und für die Dauer

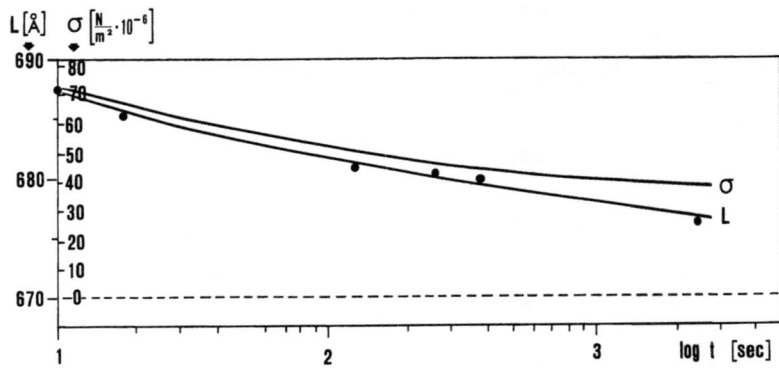

Abb. 14. Abnahme der Langperiode einer Faser mit konstanter Vordehnung als Funktion der Zeit. Zusätzlich ist die Relaxationskurve der Faser eingetragen

Tabelle 1. Anfangsdehnung, Restdehnung und Langperiodenänderung für vernetzte Fasern

	Anfangsdehnung in %	Restdehnung in %	Langperiodenänderung in %
20 min Glutaraldehyd	7,0 4,0	5,8 3,6	2,0 0,8
90 min Formaldehyd	7,0 5,0	5,0 3,5	1,2 0,7

der ersten Exposition (100 s) die Spannung konstant gehalten. Die nächsten Aufzeichnungen wurden in kürzeren Zeiten (30 s) gemacht, um die Langperiodenänderung während der Exposition möglichst gering zu halten. In das Diagramm in Abb. 14 wurde außer der Änderung der Langperiode mit der Zeit auch die Änderung der an der Faser anliegenden Spannung (Relaxationskurve) eingetragen. Man sieht, daß die Spannung mit einer größeren Zeitkonstante abfällt als die Langperiode.

An ausgerichteten lufttrockenen Kollagenfasern wurde mit Hilfe einer konventionellen Röntgenanlage eine Langperiode von 657 Å gemessen. Nach dem Verstrecken der Probe um 5,5% bzw. 8,5% nahm die Langperiode um 1,5% bzw. 3,5% zu.

Neben den getrockneten Fasern wurden auch mit Aldehyden vernetzte Fasern vermessen (Tabelle 1).

Es war nicht möglich, Dehnungen >6% über längere Zeit aufrecht zu erhalten, da die Proben während der Exposition rissen.

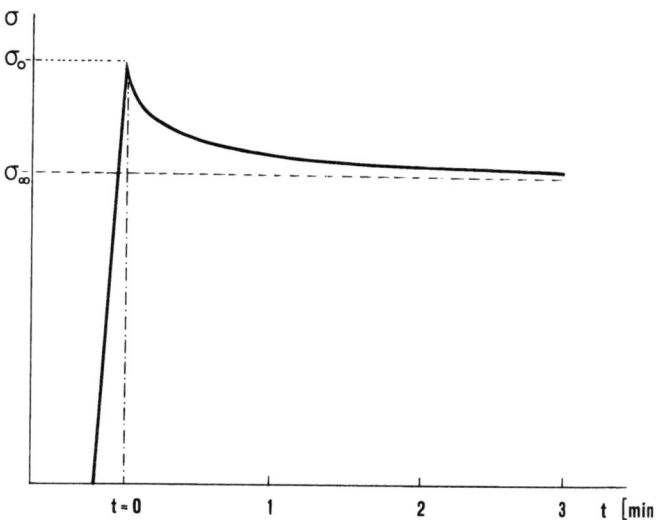

Abb. 15. Schema der Relaxationskurve einer Kollagenfaser (Nähere Erläuterungen im Text)

Im Weitwinkelbereich konnte an einer um 3% gedehnten formaldehydfixierten Faser eine Verschiebung des 2,86 Å Reflexes beobachtet werden, die einer Änderung der Periodenlänge um $\approx 1\%$ entspricht.

Im Gegensatz zu den Retardationskurven ließen sich die Relaxationskurven nicht durch eine Exponentialfunktion darstellen. Die schematische Form einer Relaxationskurve, die qualitativ dem experimentell ermittelten Kurvenverlauf entspricht, zeigt Abb. 15. Um auf einfache Weise Werte zu erhalten, die für die jeweilige Kurve typisch sind, wurden die Spannungswerte nach 2 s, 30 (bzw. 25) s und 180 (bzw. 300) s gemessen und zwar unter Änderung der Vordehnung und der Vordehnungsgeschwindigkeit. In Abb. 16 sind für eine native Faser die Spannungen in % des Ausgangswertes als Funktion der Vordehnung aufgetragen. Die Kurven, die die Restspannungen nach 30 s wiedergeben, durchlaufen ein ausgeprägtes Minimum, das bei der höchsten Vordehnungsgeschwindigkeit (30%/min) etwas zu höheren Vordehnungen verschoben ist. Die Abhängigkeit des nach 2 s gemessenen Spannungsabfalls von der Vordehnung ist nur gering; außerdem vergrößert sich der Abstand der 2-s-Kurve von den beiden anderen Kurven mit wachsender Vordehnungsgeschwindigkeit, gleichzeitig sinken die relativen Restspannungen insgesamt ab, d.h. die Proben relaxieren stärker. Sämtliche am nativen Material gemachten Beobachtungen gelten auch für ein künstlich vernetztes Objekt. Insgesamt liegen hier jedoch die Kurven näher zusammen und sind zu höheren %-Werten verschoben, die Relaxation verläuft schwä-

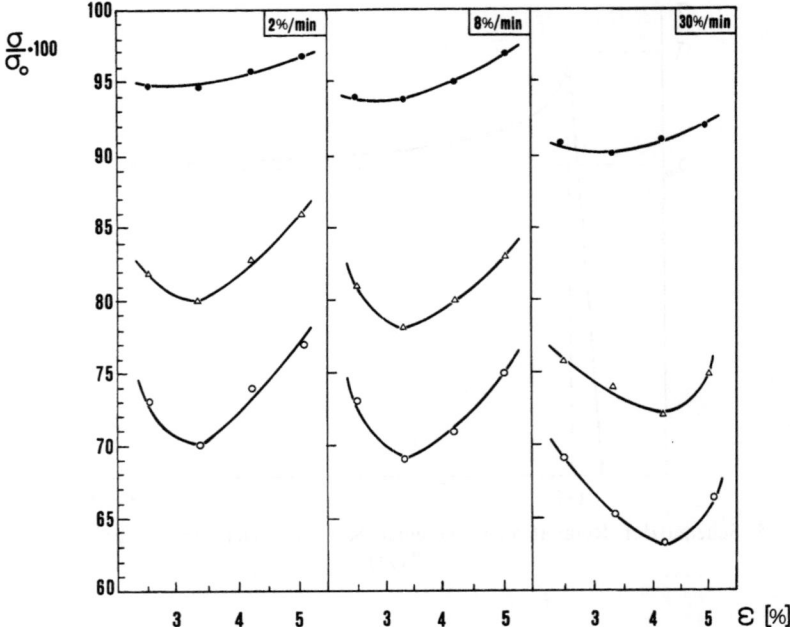

Abb. 16. Relaxationsmessungen an einer nativen Kollagenfaser bei verschiedenen Vordehnungsgeschwindigkeiten. (Alter: 39 mon; $T=20°C$). Auftragung des relativen Spannungsabfalls gegen die Vordehnung. Spannungsmessung nach 2 s (●), 30 s (△) und 180 s (○)

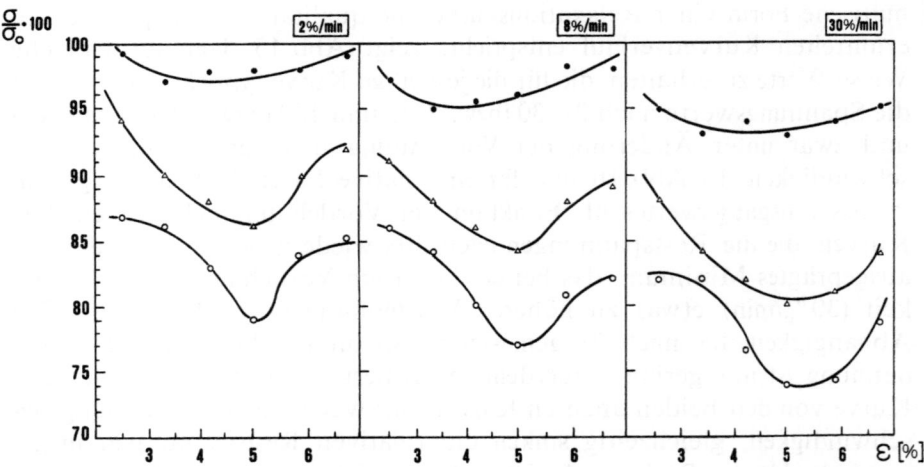

Abb. 17. Relaxationsmessungen an einer mit Glutaraldehyd vernetzten Kollagenfaser bei verschiedenen Vordehnungsgeschwindigkeiten (Alter: 39 mon; $T=20°C$). Auftragung des relativen Spannungsabfalls gegen die Vordehnung, Spannungsmessung nach 2 s (●), 30 s (△) und 180 s (○)

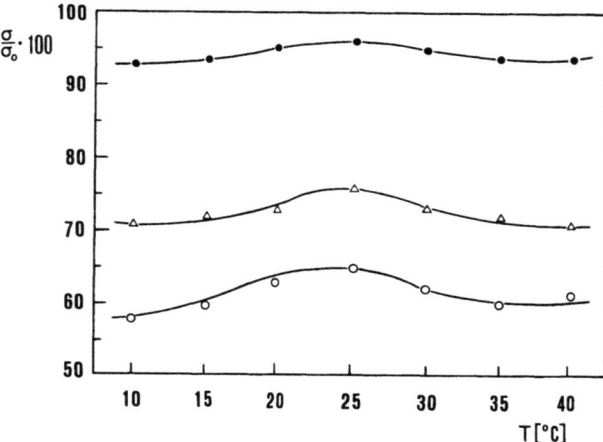

Abb. 18. Temperaturabhängigkeit der Relaxation bei einer nativen Kollagenfaser. Alter 39 mon; Anfangsdehnung: 2,5 %; Vordehnungsgeschwindigkeit: 8 %/min. Spannungsmessung nach 2 s (●), 30 s (△) und 300 s (○)

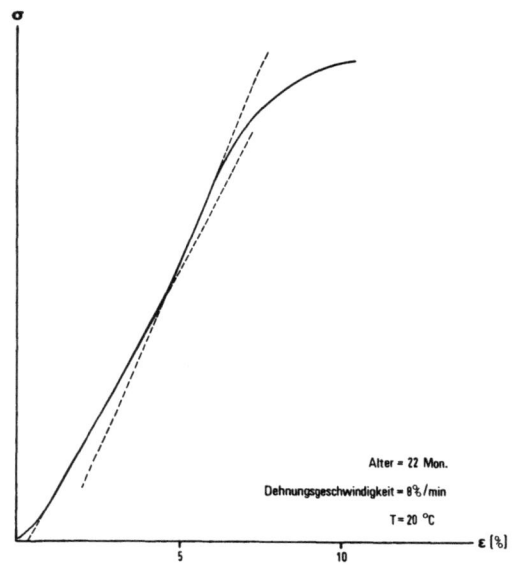

Abb. 19. Spannungs-Dehnungs-Diagramm eines Zugversuchs bei einer nativen Kollagenfaser (nach BOWITZ et al., 1975)

cher (Abb. 17). Die Abb. 18 zeigt schließlich die Abhängigkeit der Restspannungen von der Temperatur. Das allen Kurven gemeinsame Maximum ist bei der 2-s-Kurve am schwächsten ausgeprägt.

Zugversuch mit konstanter Dehnungsgeschwindigkeit

Das Spannungs-Dehnungsdiagramm eines Zugversuchs mit konstanter Dehnungsgeschwindigkeit an einer nativen Kollagenfaser ist in Abb. 19 dargestellt. Die Spannung nimmt mit wachsender Dehnung erst überlinear und dann linear zu. Im Proportionalbereich weist die Kurve jedoch zwei Steigungen auf, durch die zwei E-Moduln definiert sind. Bei den von uns vorgenommenen Messungen wurde sowohl im E_1- wie auch im E_2-Modul eine Zunahme mit wachsender Dehnungsgeschwindigkeit beobachtet (Abb. 20). Die E-Moduln der 39 mon alten Tiere liegen über

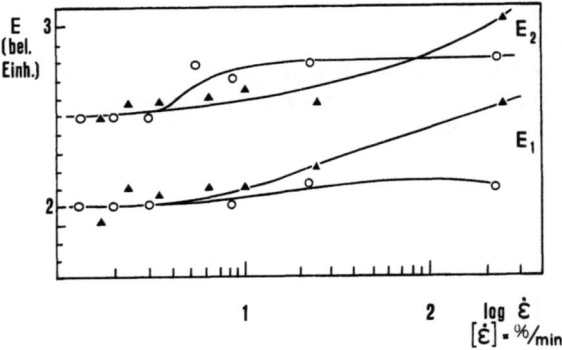

Abb. 20. Abhängigkeit der E-Moduln nativer Kollagenfasern von der Dehnungsgeschwindigkeit (▲: 6 mon; ○: 39 mon). Um die relativen Änderungen vergleichen zu können, wurden die Anfangswerte gleichgesetzt

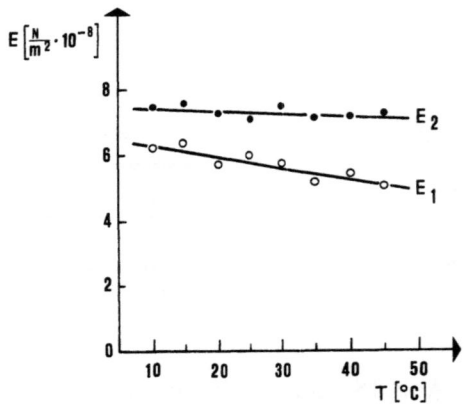

Abb. 21. E-Moduln einer nativen Kollagenfaser (24 mon) in Abhängigkeit von der Temperatur bei einer Dehnungsgeschwindigkeit von 8%/min

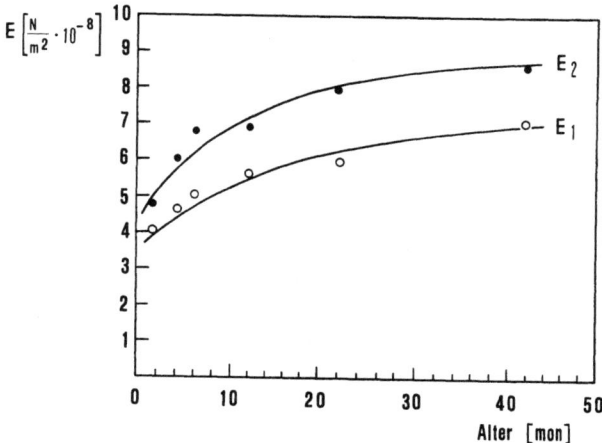

Abb. 22. Abhängigkeit der E-Moduln einer nativen Kollagenfaser vom Alter des Versuchstiers. Dehnungsgeschwindigkeit: 8 %/min; $T = 20°C$

denen der 6 mon alten Tiere; in der vorliegenden Darstellung wurden die Werte bei niedrigen Dehnungsgeschwindigkeiten jedoch gleichgesetzt, um zu verdeutlichen, daß die relative Zunahme der E-Moduln mit der Dehnungsgeschwindigkeit bei den jüngeren Tieren größer ist als bei den alten. Die Abhängigkeit der E-Moduln von der Temperatur ist aus Abb. 21 zu ersehen. Sowohl E_1 als auch E_2 fallen mit steigender Temperatur monoton ab. Die Abb. 22 zeigt weiter die Abhängigkeit der E-Moduln vom Alter. Nach einem relativ schnellen Anstieg in den ersten Lebensmonaten scheinen die E-Moduln einem Gleichgewichtswert zuzustreben.

4. Diskussion

Aus den am DESY gemachten Messungen geht hervor, daß sich der 670 Å-Reflex nativ feuchter Fasern mit zunehmender Spannung nach größeren Å-Werten verschiebt; daß jedoch kein eindeutiger Zusammenhang zwischen Langperiodenänderung und Spannung besteht, beweist ein von BOWITZ und NEMETSCHEK (1974) gemachtes Relaxationsexperiment.

Hierbei wurde an einer stark verstreckten nativen Rattenschwanzsehne ($\varepsilon = 10\%$) unter isometrischen Bedingungen nach 15,5 h noch eine Spannung gemessen, die 25% des Ausgangswertes betrug. Nach den Messungen mit der Synchrotronstrahlung entspräche eine solche Restspannung einer Langperiodenänderung von $\approx 1\%$ (Abb. 7). Da die mit herkömmlichen Methoden gemachten Kleinwinkelmessungen Expositionszeiten erfordern, die der Dauer des angeführten Relaxationsexperimentes entsprechen, müßte eine, zu Expositionsbeginn um 10% verstreckte Faser noch eine Langperiodenänderung zeigen. Dies ist jedoch nach HOSEMANN et al. (1974) nicht der Fall.

Die Tatsache, daß die Langperiode bei konstanter Dehnung als Funktion der Zeit schneller abfällt, als die Spannung, wird auch durch das am DESY ausgeführte Relaxationsexperiment bestätigt (Abb. 14). Aus dem Diagramm geht hervor, daß Spannung und Langperiodenänderung nicht zueinander proportional sind, sondern daß sich ihr Größenverhältnis als Funktion der Zeit ändert.

Die angeführten Versuchsergebnisse lassen sich miteinander vereinbaren, wenn man die Existenz einer Matrix aus nichtkollagenen Zwischensubstanzen (MPS und/oder Proteoglykane) annimmt, in welche die strukturtragenden, d.h., die zur Entstehung des Röntgendiagramms beitragenden Elemente (z.B. die Subfibrille) eingebettet sind. Die Matrix besitzt viskoelastische Eigenschaften, und ihre mechanische Kopplung mit den Fibrillen scheint so beschaffen zu sein, daß die Fibrillen bei schneller Dehnung der Faser ebenfalls mit gelängt werden, sich dann jedoch nach Ablauf einer gewissen Zeitspanne kontrahieren können, selbst wenn in der ebenfalls relaxierenden Matrix noch eine Restspannung vorhanden ist. Hält man die Meßzeiten kurz, so hat die Subfibrille keine Zeit, sich in der Matrix zu entspannen. Sie folgt der Deformation der Matrix, jedoch nicht im gleichen Ausmaß. Der Proportionalitätsfaktor, der die beiden Dehnungsbeträge verknüpft, schwankt zwischen 0,3 und 0,45 (Abb. 7). Da jedoch die Langperiode auch bei konstanter Spannung zeitabhängig ist, wie der oben angeführte Versuch (HOSEMANN et al., 1974) beweist, ist es wahrscheinlich, daß die Langperiodenänderung „unmittelbar" nach dem Anlegen der Spannung am größten ist.

Die durch diese Matrix vermittelte Wechselwirkung zwischen den Subfibrillenbündeln wird ab einem Dehnungsbetrag von 4% von einem anderen Mechanismus überlagert, was sich in einer deutlichen Steigungsänderung der ΔL-σ-Kurve bemerkbar macht (Abb. 7). Es liegt nahe, diesen Effekt mit dem von BOWITZ et al. (1975) beobachteten „Knick" in der Spannungs-Dehnungs-Kurve in Verbindung zu bringen. Dabei handelte es sich um eine Steigungsänderung im linearen Teil der an nativen Kollagenfasern erhaltenen σ-ε-Kurven (Abb. 19). Die Erklärung im molekularen Bereich ist in den intermolekularen bzw. intersubfibrillären Vernetzungspeptiden zu suchen, die erst nach einer Verstreckung der Faser um 4% (NEMETSCHEK et al., 1975) zusätzlich zur Matrix Kräfte auf die Subfibrillen bzw. Tripelhelices übertragen, was eine verstärkte Zunahme der Langperiode zur Folge hat.

Eine zweite Steigungsänderung in der ΔL-σ-Kurve kann dahingehend interpretiert werden, daß sich hier das Dehnungsverhalten der Tripelhelix ändert, d.h. ihre „Federkonstante" größer wird.

Wie schon bei der Dehnung von trockenen Fasern (RANDALL, 1954) beobachtet wurde, so ist auch bei den nativ feuchten Proben die Änderung der Weitwinkelperiode (0,5%) geringer als die Änderung der Langperiode (1,5%); (Abb. 9). Wie den Ergebnissen des Relaxationsversuchs (Abb. 14) zu entnehmen ist, kann auch die relativ lange Belichtungszeit der Weitwinkelaufnahmen von 300 s (gegenüber 100 s bei den Kleinwinkelspektren) nicht die Diskrepanzen zwischen den prozentualen Änderungen der beiden Perioden erklären. Hierbei ist zu berücksichtigen, daß bei einem Retardationsversuch (σ = const.) die Abnahme der Langperiode mit der Zeit noch langsamer als bei der Relaxation vor sich ginge.

Eine Erklärung bietet hier die Theorie von BONART (1975), wonach bei inhomogenen Dehnungen eines Gitters die Reflex*lage* erhalten bleiben kann, während sich allerdings das Reflex*profil* ändert. Nun erscheint es einsichtig, daß die Kollagen-Tripelhelix sich in der Tat nicht homogen dehnt (NEMETSCHEK u. HOSEMANN, 1973; HOSEMANN et al., 1974), sondern abschnittsweise verschiedene E-Modulen hat, insbesondere bedingt durch den Gehalt an den Iminosäuren Prolin und Hydroxyprolin. Man kann annehmen, daß die gesamte Längenänderung der Tripelhelix, die in der Änderung der Langperiode sichtbar wird, vorwiegend von den sogenannten „soft segments" aufgebracht wird; nach BONART besteht hierdurch die Möglichkeit, daß sich der 2,86-Reflex nur wenig oder gar nicht verschiebt. Es müßte allerdings eine Änderung der Reflexbreite eintreten, die jedoch wegen der relativ großen Halbwertsbreite dieses Meridianreflexes wahrscheinlich unbeobachtbar ist. Es muß jedoch einschränkend geltend gemacht werden, daß sich nach einer Beobachtung von RAMACHANDRAN (1967), der 2,86 Å-Reflex bei verkippter Faser nach kleineren Winkeln hin verschiebt. Nun wurde die Faser beim Verstrecken in der Tat etwas verkippt, was an der unterschiedlichen Intensität der beiden Meridianreflexe erkennbar ist (Abb. 9), so daß die beobachtete Verschiebung des Reflexes zu größeren Å-Werten unter Umständen auf den oben angeführten Effekt zurückzuführen ist, d.h. daß er bei unverkippter Faser keine Verschiebung erfahren hätte.

Die vorstehend diskutierten Röntgendiagramme wurden an Fasern erhalten, die während der Exposition unter konstanter Spannung gehalten wurden, d.h. sie retardierten. Die Längenänderung einer nativen Kollagenfaser während eines Retardationsversuchs ist schematisch in Abb. 10 dargestellt. Zur Interpretation und mathematischen Erfassung solcher experimentell erhaltenen Kurven konstruiert man Modelle aus den in Abb. 23 dargestellten Elementen.

Eine erste mathematische Formulierung des Retardationsverhaltens

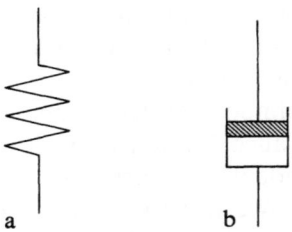

Abb. 23 a und b. Grundelemente der Theorie der Viskoelastizität. a) Federelement: ideal elastisch $\sigma_F = E \cdot \varepsilon$. b) Dämpfungsglied: linear viskos $\sigma_D = \eta \cdot \dot{\varepsilon}$

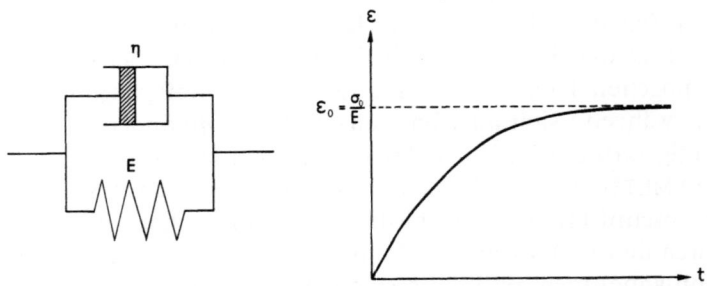

Abb. 24. KELVIN-VOIGT-Modell und schematisches Diagramm der Verformung dieses Modells unter konstanter Spannung (Retardation)

viskoelastischer Stoffe läßt sich durch die Untersuchung des KELVIN-VOIGT-Modells finden, das durch Parallelschaltung der Grundelemente entsteht (Abb. 24). Die beim Retardationsversuch auf das KELVIN-VOIGT-Modell einwirkende konstante Spannung σ_0 setzt sich additiv aus den an den Einzelelementen anliegenden Spannungen σ_D und σ_F zusammen:

$$\sigma_0 = \sigma_F + \sigma_D$$
$$\sigma_0 = E \cdot \varepsilon + \eta \cdot \dot{\varepsilon}$$

Die Lösung dieser DGL mit der Anfangsbedingung $\varepsilon(0) = 0$ lautet:

$$\varepsilon = \frac{\sigma_0}{E} \left[1 - \exp\left(-\frac{t}{\tau}\right) \right].$$

Wobei unter $\tau = \eta/E$ die „Retardationszeit" verstanden wird. Die durch die vorstehende Gleichung beschriebene Deformationsart wird als „Kriechen" bezeichnet; sie ist typisch für hochpolymere Stoffe. Im Gegensatz zum Hookschen Verhalten spielen hier Zeiteffekte eine große Rolle.

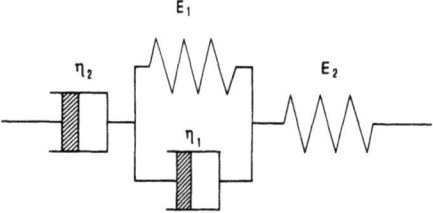

Abb. 25. BURGERS-Modell

Das KELVIN-VOIGT-Modell beschreibt den experimentell beobachteten Retardationsvorgang jedoch nur unvollständig, da
1. für $t=0$ keine Deformation auftritt und
2. für $t \to 0$ ε gegen einen Gleichgewichtswert geht.

Um die sofort nach Anlegen der Spannung sich trägheitslos einstellende (Hooksche) Verformung und die asymptotische Annäherung an eine Gerade endlicher Steigung für $t \gg \tau$ nachzubilden, schaltet man in Reihe zum KELVIN-VOIGT-Modell zusätzlich eine Feder und ein Dämpfungsglied und kommt so zum BURGERS-Modell (Abb. 25).

Da an den drei hintereinandergeschalteten Einzelelementen des BURGERS-Modells (Dämpfungselement-KELVIN-Modell-Federelement) während des Retardationsversuchs die konstante Spannung σ_0 anliegt, läßt sich die Gesamtverformung leicht berechnen:

$$\varepsilon = \frac{\sigma_0}{E_2} + \frac{\sigma_0}{\eta_2} \cdot t + \frac{\sigma_0}{E_1}\left[1 - \exp\left(-\frac{t}{\tau}\right)\right]$$

mit

$$\tau = \frac{\eta_1}{E_1}.$$

Das BURGERS-Modell erklärt die Abschnitte 1–3 der Retardationskurve in Abb. 10. Um den Verlauf der Kurve im Bereich 4 im Modell nachzubilden, muß man jedoch ein weiteres Dämpfungsglied mit $\eta_3 \neq \eta_2$ in Reihe schalten.

Da die Geradensteigung in 4 kleiner ist als in 3, muß von den beiden Fließvorgängen mit den Geschwindigkeiten $\dot\varepsilon_1$ und $\dot\varepsilon_2$ einer zu Beginn des letzten Bereiches beendet sein. Die Steigung der Kurve für $t \gg \tau$ ist dann ein Maß für die Fließgeschwindigkeit $\dot\varepsilon_2$ des jetzt noch „aktiven" Dämpfungsgliedes.

Die Abhängigkeit von $\dot\varepsilon_2$ von der Vorspannung für Proben verschiedenen Vernetzungsgrades ist in Abb. 13 aufgetragen. Da es sich hierbei um irreversible Verformungen handelt, muß man annehmen, daß Fibrillen, bzw. dünnere Subfibrillenbündel gegeneinander verschoben werden, die nicht kovalent vernetzt sind. Mit steigender Vernetzungsdichte nimmt das Matrixvolumen ab, in dem reine Fließvorgänge ablaufen können; hierdurch wird η_2 größer, was durch das Experiment bestätigt wird. Das ideale Verhalten einer Newtonschen Flüssigkeit findet man jedoch nur bei den vernetzten Fasern.

Während Fließvorgänge auch an rein viskosen bzw. plastischen Stoffen beobachtet werden können, ist die Retardationszeit eine Größe, die nur für viskoelastische Stoffe sinnvoll definiert ist. Dies geht schon aus der Beziehung $\tau_{ret} = \eta_1/E_1$ hervor. Hiernach müßte τ_{ret} unabhängig von der Vorspannung sein; wie Abb. 11 zeigt, ist dieses Verhalten wiederum nur bei stark vernetzten Proben zu beobachten. Das Auftreten eines Maximums läßt sich damit erklären, daß bei geringer Vorspannung noch die native Struktur der Faser vorliegt, d.h. die Fibrillen sind noch nicht optimal ausgerichtet, wodurch die zwischen ihnen wirkenden Reibungskräfte, die Viskosität η_1 und damit $\tau_{ret} = \eta_1/E_1$ klein sind. Das elastische Element, das durch die Konstante E beschrieben wird, ist wahrscheinlich in den Subfibrillen und Vernetzungspeptiden lokalisiert und kann für die folgenden Betrachtungen als näherungsweise konstant angenommen werden. Die Abhängigkeit der Anfangswerte von τ_{ret} vom Alter ist erwartungsgemäß gering, da sich im unteren Spannungsbereich die altersbedingten Strukturänderungen, wie z.B. die kovalenten Vernetzungen noch nicht auswirken; vielmehr geschieht die Kraftübertragung zwischen den Fibrillen durch die Matrix. Bei Erhöhung der Vorspannung steigt die Retardationszeit bei jungen Fasern besonders stark an, da bei diesen die Vernetzungsdichte noch gering ist. Dies führt zu einer guten Parallelaggregation der Fibrillen, was das Auftreten großer Reibungskräfte zwischen ihnen ermöglicht; man hat es hier mit einem Konditionierungseffekt zu tun. Bei weiter wachsender Spannung erfährt die Faser in Abhängigkeit ihres Alters d.h. ihres Vernetzungsgrades eine mehr oder weniger intensive Gefügestörung, die mit dem Ausfall der makroskopisch sichtbaren Welligkeit verbunden ist. Im elektronenmikroskopischen Bild (Abb. 26) ist diese Störung an jugendlichen Fibrillen durch einen Längszerfall wiedergegeben (NEMETSCHEK et al., 1977). Diese Faserschädigung führt zu einem Abfall von η_1 und damit von τ_{ret}, da auch bei einer anscheinend uniaxialen Belastung in der Faser bzw. in den Fibrillen Scherkräfte wirksam werden.

Die hier beschriebenen positiven und negativen Strukturänderungen die beim Verstrecken einer jungen Kollagenfaser auftreten, können bei älteren Proben im Prinzip in derselben Art und Weise ablaufen. Aufgrund der höheren Vernetzungsdichte besteht hier jedoch eine geringere Möglichkeit zu einer verbesserten Parallelaggregation der Subfibrillen bzw. Fibrillen; hinzu kommt eine erhöhte Widerstandskraft gegen Schä-

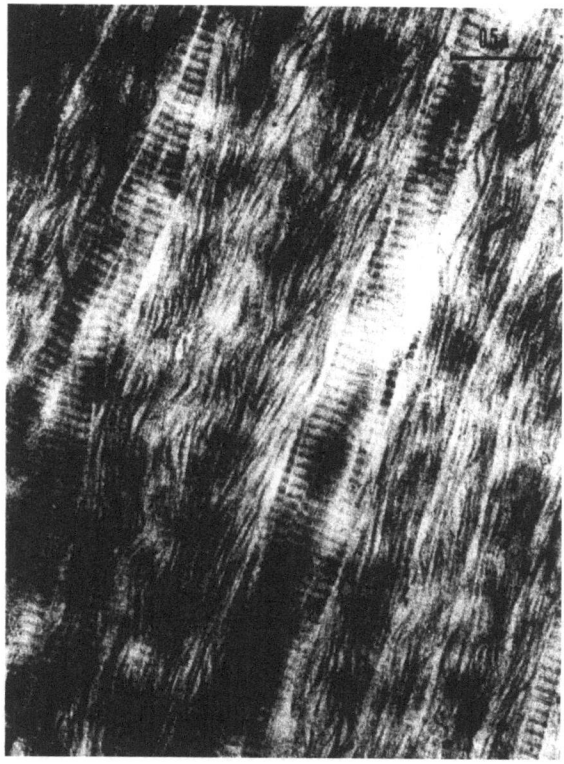

Abb. 26. Längszerfall 5 Wochen alter Fibrillen nach ≈ 7%iger Dehnung bei 20°C; σ_{max} = 1,84 · 10⁷ N/m². 3151/76; el. opt.: 14000:1

digungen durch Verstrecken. Beide Gründe tragen dazu bei, daß z.B. das Maximum der Retardationszeit mit zunehmendem Alter des Kollagens flacher wird. Am deutlichsten ist dieser Effekt jedoch verständlicherweise an künstlich vernetzten Fasern.

Wählt man als Maßzahl für eine Probe wie in Abb. 15 die maximale Retardationszeit τ_{ret}, so erhält man die in Abb. 16 wiedergegebene Abhängigkeit vom Alter. Benutzt man die Definition $\tau_{ret} = \eta_1 / E_1$, so läßt sich die Abnahme von τ_{ret} durch die zunehmende Vernetzungsdichte und das damit verbundene Anwachsen von E_1 erklären. Den kleinsten Wert für die Retardationszeit erhält man erwartungsgemäß an den künstlich vernetzten Fasern.

Bei Messungen mit konventioneller Röntgenstrahlung an künstlich vernetzten Fasern wurde die Probenlänge konstant gehalten. Obwohl die Faser unter diesen Bedingungen relaxiert, d.h. einen Spannungsabfall zeigt, konnte auch nach langen Meßzeiten ein höherer Wert für die

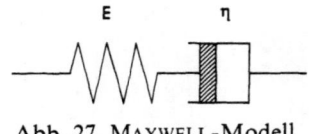

Abb. 27. MAXWELL-Modell

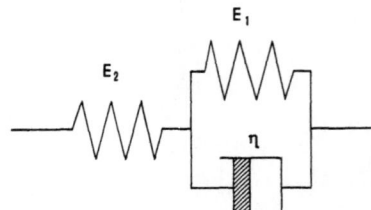

Abb. 28. POINTING-THOMSON-Modell

Langperiode registriert werden. Auffälligerweise entsprechen den relativ hohen Restspannungen aber nur geringe Abweichungen von der 670 Å-Periodizität (Tabelle 1, S. 22).

Im folgenden soll das Verhalten von nativen und aldehydfixierten Proben bei konstanter Dehnung anhand zweier Modelle erläutert werden. Wohl am einfachsten läßt sich ein Relaxationsvorgang mit Hilfe des MAXWELL-Modells (Abb. 27) beschreiben. Bei einer unendlich schnellen Deformation dieses Modells wird zuerst nur die Feder gedehnt und die Spannung $\sigma_0 = \varepsilon_0 \cdot E$ erzeugt. Diese Spannung geht als Funktion der Zeit asymptotisch gegen 0; sie folgt dabei der Beziehung:

$$\sigma = \sigma_0 \cdot \exp\left(-\frac{t}{\tau}\right)$$

mit

$$\tau = \frac{\eta}{E} \quad \text{(Relaxationszeit).}$$

Das Relaxationsverhalten des MAXWELL-Elements kann jedoch nicht zur Erklärung der selbst noch nach langen Versuchszeiten an Kollagen gemessenen großen Restspannungen herangezogen werden (Abb. 15). Zur Simulation einer solchen Spannungs-Zeit-Funktion bietet sich deshalb das POINTING-THOMSON-Modell (Abb. 28) an. Sofern die Deformationsfunktion einen stufenförmigen Verlauf hat, wird, wie im Falle des MAXWELL-Modells erst alle Energie in der Feder E_2 gespeichert, d.h. die Spannung $\sigma_0 = \varepsilon_0 \cdot E_2$ aufgebaut. Mit dieser Anfangsbedingung erhält man für die σ-t-Kurve den Ausdruck:

$$\sigma = \frac{\varepsilon_0}{E_1 + E_2} \left[E_2^2 \exp\left(-\frac{t}{\tau}\right) + E_1 \cdot E_2 \right]$$

mit der Relaxationszeit:

$$\tau = \frac{\eta}{E_1 + E_2}.$$

Für große t strebt die Spannung gegen den Gleichgewichtswert:

$$\sigma_\infty = \varepsilon_0 \cdot \frac{E_1 \cdot E_2}{E_1 + E_2}$$

Durch Messung von $\sigma_{(0)}$, σ_∞ und Ermittlung von τ aus der Kurvenform kann man also die Parameter E_1, E_2 und η bestimmen.

Die Ergebnisse der Relaxationsmessungen deuten darauf hin, daß man zwischen zwei Prozessen unterscheiden muß. Der erstere setzt sofort zu Beginn ein und wird durch den nach 2s gemessenen Spannungsabfall erfaßt; der zweite Relaxationsvorgang ist durch die nach 30 und 180s registrierten Werte gegeben. Beide Relaxationsvorgänge unterscheiden sich deutlich in der Abhängigkeit von der Vordehnung. Die „Kurzzeitrelaxation" zeigt ein nahezu ideales, d.h. dem POINTING-THOMSON-Element entsprechendes Verhalten, wonach der relative Spannungsabfall nach einer bestimmten Zeit (bei fester Vordehnungsgeschwindigkeit) unabhängig von der Vordehnung ist; er hängt nur von τ ab. Die „Langzeitrelaxation" zeigt demgegenüber eine ausgeprägte Abhängigkeit von der Vordehnung mit einem Minimum, dessen Lage von der Verstreckgeschwindigkeit und der Vorbehandlung abhängt. Es liegt nahe, die Abhängigkeit des relativen Spannungsabfalls von der Vordehnung mit dem Knick in der Spannungs-Dehnungskurve (Abb. 19) in Zusammenhang zu bringen. Der Ort des Minimums gibt dann den Dehnungswert an, bei dem die ersten Vernetzungspeptide gestreckt sind, so daß bei weiterem Dehnen die Fähigkeit der Faser zu relaxieren nachläßt. Besonders bei den vernetzten Fasern zeigen die σ/σ_0-Kurven zum Teil die Tendenz einem Gleichgewichtswert zuzustreben; die vorstehende Interpretation wird hierdurch gestützt, da dies mit dem Zustand identifiziert werden kann, in dem die Vernetzungspeptide vollständig gestreckt sind. Ab diesem Dehnungswert können die durch sie verbundenen Subfibrillen und Fibrillen keinen Beitrag mehr zur Relaxation der Faser liefern. Qualitativ verläuft die Relaxation bei nativen und vernetzten Fasern gleich, die σ/σ_0-Werte liegen bei den letzteren jedoch insgesamt höher, was wegen der angestiegenen Vernetzungsdichte auch zu erwarten war.

Betrachtet man die Relaxation in Abhängigkeit von der Verstreckgeschwindigkeit $\dot{\varepsilon}_0$, so ergibt sich eine Abnahme von σ/σ_0 mit wachsendem $\dot{\varepsilon}_0$. Dieses Ergebnis erscheint plausibel, da bei hohen Dehnungsgeschwindigkeiten während des Verstreckvorgangs vorwiegend die elastischen Komponenten der Faser beansprucht werden, da die viskosen Komponenten der schnellen Verformung nicht folgen können. Beim langsamen Verstrecken einer Probe hingegen kann diese während des Dehnungsvorgangs schon teilweise relaxieren.

Die Temperaturabhängigkeit des Relaxationsvorgangs zeigt das Diagramm in Abb. 18. Der Spannungsabfall ist am kleinsten bei einer Temperatur von 25° C, wobei der Effekt bei den Langzeitwerten deutlicher ausgeprägt ist. Da bei der Relaxation das interfibrilläre Material (Matrix) sicher eine große Rolle spielt, liegt es nahe, die Änderungen im Relaxationsverhalten auch auf die temperaturabhängigen mechanischen Eigenschaften der eingebauten Wasserassoziate zurückzuführen. Nach PESCHL und ADLFINGER (1970) zeigt nämlich Wasser in Schichten von 100 Å Dicke unter anderem bei 30° C ein Maximum in der Viskosität, was der beobachteten Änderung des Spannungsabfalls entsprechen würde. Beschreibt man nämlich den Relaxationsvorgang mit Hilfe des POINTING-THOMSON-Modells, so entspricht wegen $\tau = \eta/(E_1 + E_2)$ dem größeren η eine längere Relaxationszeit τ, woraus nach der Relaxationsgleichung ein geringerer Spannungsabfall (nach einer festen Zeit) resultiert. Der Unterschied zwischen dem gemessenen und dem von PESCHL und ADLFINGER angegebenem Wert könnte dadurch zu erklären sein, daß es sich im Kollagen nicht lediglich um dünne Wasserschichten, sondern zum Teil um geordnete eingebaute Wasserassoziate handelt (BERENDSEN und MIGCHELSEN, 1965).

Daß das in der Matrix eingebaute Wasser eine wichtige Rolle spielt, zeigen auch die bereits angeführten Röntgenuntersuchungen von RANDALL (1954); bei diesen Experimenten blieben die Langperiodenänderungen von trockenen verstreckten Kollagenfasern selbst über lange Expositionszeiten hinweg erhalten. Wie aus der Verschiebung der Weitwinkelreflexe am Äquator des Röntgendiagramms abzulesen ist (BEAR, 1952), nimmt bei Trocknung die laterale Packungsdichte der Tripelhelices zu. Dabei können auch zwischen den Subfibrillen neue Bindungen entstehen, die stark genug sind, um bei verstreckten Fasern die Vergrößerung der Langperiode über längere Zeit aufrecht zu halten.

Die Abhängigkeit der E-Moduln von der Dehnungsgeschwindigkeit $\dot\varepsilon$ in Abb. 20 zeigt einen Anstieg mit wachsendem $\dot\varepsilon$. Bislang ist es nicht gelungen, diesen Effekt in einer Modellrechnung nachzuvollziehen, es erscheint jedoch plausibel, die stärkere Geschwindigkeitsabhängigkeit der Moduln bei jüngeren Fasern mit dem höheren Gehalt an viskos verformbarem Material in Zusammenhang zu bringen.

Das Verhalten eines KELVIN-VOIGT-Modells beim Dehnen mit der konstanten Geschwindigkeit erhält man aus der DGL:

$$\sigma = E \cdot \varepsilon + \eta \cdot \dot\varepsilon_0$$

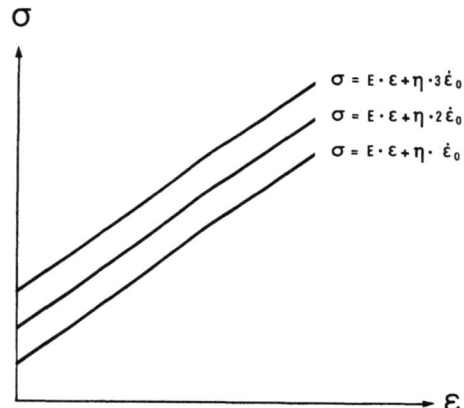

Abb. 29. σ-ε-Diagramm eines KELVIN-VOIGT-Elements bei den Dehnungsgeschwindigkeiten $\dot{\varepsilon}_0$, $2\dot{\varepsilon}_0$ und $3\dot{\varepsilon}_0$

Diese Gleichung beschreibt eine Schar von parallelen Geraden, deren Steigung allein durch das Federelement bestimmt wird. Das parallel geschaltete Dämpfungsglied bewirkt lediglich eine Parallelverschiebung der Geraden bei Änderung der Dehnungsgeschwindigkeit (Abb. 29). Das POINTING-THOMSON-Modell zeigt nach einem Einschwingvorgang das gleiche Dehnungsverhalten wie das KELVIN-VOIGT-Modell. Beiden Modellen ist auch gemeinsam, daß sie nach Entlastung innerhalb eines Zeitintervalls, dessen Größenordnung durch die Retardationszeit gegeben ist, wieder in ihren Ausgangszustand zurückkehren. Ein Be-Entlastungszyklus würde also bei ausreichend niedriger Entlastungsgeschwindigkeit in der σ-ε-Darstellung eine geschlossene Kurve ergeben. Dieses Verhalten stimmt mit den an Kollagenfasern gemachten Beobachtungen überein.

Die Zunahme der E-Modul mit dem Alter (Abb. 22) ergibt sich aus der wachsenden Vernetzungsdichte, was im Modell einer Erhöhung der Federkonstante entspricht. Noch höhere E-Moduln lassen sich durch künstliches Vernetzen der Kollagenfasern erzielen (NEMETSCHEK, 1975).

Als Funktion der Temperatur wurde im Intervall von 10 bis 50°C eine monotone Abnahme der Moduln gemessen. Dabei fällt auf, daß diese Abhängigkeit beim E_1-Modul stärker ist, als bei E_2; d.h. die mechanischen Eigenschaften der Haupt- und Seitenketten, die den E_2-Modul entscheidend mitbestimmen, sind weniger temperaturabhängig, als die der wasserhaltigen Matrix, die im untersten Teil der Spannungs-Dehnungs-Kurve die wahrscheinlich wichtigere Rolle bei der Kraftübertragung spielt.

Um die *Form* der Spannungs-Dehnungs-Kurve des Kollagens, insbe-

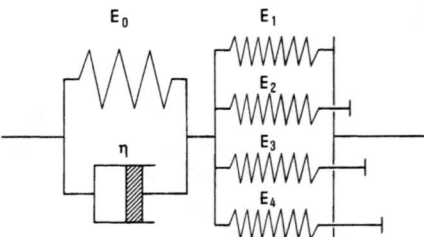

Abb. 30. Modellkonstruktion von VIIDIK (1968) zur Erklärung des überlinearen Anstiegs am Beginn der Spannungs-Dehnungs-Kurve einer Kollagenfaser

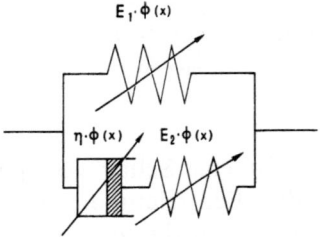

Abb. 31. Nichtlineares 3-Parametermodell einer Kollagenfaser von ZECH und ARNOLD (1975)

sondere den überlinearen Anstieg am Beginn, zu erklären, reichen die besprochenen Modelle nicht aus. Modellvorschläge, mit denen sich der experimentell erhaltene Kurvenverlauf simulieren läßt, stammen von VIIDIK (1968) und ZECH (1975). VIIDIK bringt in Reihe zum KELVIN-VOIGT-Modell ein System von parallel geschalteten Federn an, die bei zunehmender Deformation nacheinander „anspringen", bevor das KELVIN-VOIGT-Element nennenswert belastet wird (Abb. 30). Der Nachteil dieser Konstruktion besteht darin, daß die Steigung der σ-ε-Kurve nicht kontinuierlich zunimmt, der Kurvenfuß erhält die Form eines Polygonzugs. Diesen Nachteil vermeidet das nichtlineare Parametermodell von ZECH (Abb. 31), dessen lineare Form dem POINTING-THOMSON-Modell entspricht. Die Parameter des ZECHschen Modells hängen gemäß dem Integral der Gaußverteilung $\Phi(x)$ von der Dehnung ab. Im Modell von VIIDIK würde dies einem System von unendlich vielen Federn entsprechen, wobei benachbarte Federn infinitesimale Längenunterschiede aufweisen.

Mit den hier angeführten Modellen läßt sich ein großer Teil der mechanischen Eigenschaften von Kollagenfasern simulieren und macht sie dadurch der mathematischen Behandlung zugänglich. *Das „ideale"*

Modell ist auch bei diesen Betrachtungen nicht dabei, vielmehr wird man sich stets mit Modellen begnügen müssen, die nur für eine bestimmte Belastungsart und für einen begrenzten Deformations- bzw. Spannungsbereich gültig sind.

Wie weiterhin gezeigt werden konnte, steigt die Dichte der kovalenten intermolekularen Vernetzungen im Kollagen mit zunehmendem Alter bis zu einem Grenzwert an, um dann konstant zu bleiben. Höhere Vernetzungsgrade kann man z.B. mit Aldehyden künstlich erreichen. Die Fasern werden dadurch zwar reißfester gegenüber statischen Belastungen, sie verlieren jedoch einen Großteil ihrer Dämpfungseigenschaften und damit die Widerstandsfähigkeit gegen impulsartige Beanspruchungen. Man kann somit annehmen, daß der natürliche Vernetzungsvorgang dann beendet wird, wenn eine optimale Anpassung der mechanischen Eigenschaft der Sehne an ihre Funktion erreicht worden ist (NEMETSCHEK et al., 1975).

Herrn Dipl.-Phys. G. Rosenbaum EMBL und Herrn Chem.-Ing. R. Jonak danken wir für ihre Mitarbeit und Frau U. Wald für die photographischen Arbeiten.

Mit Unterstützung der Deutschen Forschungsgemeinschaft (Schwerpunktprogramm: Biopolymere und Biomechanik von Bindegewebssystemen).

Literatur

BEAR, R.S.: The structure of collagen fibrils. Advanc. Protein Chem. **7**, 69 (1952)

BERENDSEN, H.J.C., MIGCHELSEN, C.: Hydration structure of fibrous macromolecules. Ann. N.Y. Acad. Sci. **125**, 365 (1965)

BONART, R.: Lineare Parakristalle mit bimodaler Koordinationsstatistik. Progr. Colloid & Polymer. Sci. **58**, 36 (1975)

BOWITZ, R.: Anordnung zur Spannungs-Dehnungs-Messung an nativen Biopolymeren. G-I-T- Fachz. Lab. **19**, 1085 (1975)

BOWITZ, R., JONAK, R., NEMETSCHEK-GANSLER, H., NEMETSCHEK, TH., RIEDL, H.: The elasticity of the collagen triple helix. Naturwissenschaften **63**, 580 (1976)

BOWITZ, R., NEMETSCHEK, TH.: Struktur und Dehnungsverhalten von Kollagen. 7. Wissenschaftl. Konf. der Ges. Dtsch. Naturforsch. u. Ärzte 125 (1974)

BOWITZ, R., NEMETSCHEK, TH.: unveröff. (1975)

BOWITZ, R., NEMETSCHEK-GANSLER, H., NEMETSCHEK, TH., SCHILLER, O.: Biphasischer Funktionsverlauf elastisch gedehnter Kollagenfasern. Naturwissenschaften **62**, 493 (1975)

BORKOWSKI, C.J., KOPP, M.K.: New type of position sensitive detectors of ionizing radiation using risetime measurement. Rev. Sci. Instr. **39**, 1515 (1968)

dtv-Lexikon der Physik, Bd. 10, p. 6f., München (1971)

GABRIEL, A., DUPONT, Y.: A position sensitive proportional detector for X-ray-crystallography. Rev. Sci. Instr. **43**, 1600 (1972)

HOSEMANN, R., BONART, R., NEMETSCHEK, Th.: The inhomogeneous stretching process of collagen. Colloid & Polymer Sci. **252**, 912 (1974)
HOSEMANN, R., DREISSIG, W., NEMETSCHEK, Th.: Schachtelhalm-structures of octafibrils in collagen. J. mol. Biol. **83**, 275 (1974)
KAMKE, E.: Differentialgleichungen I, p. 15. Leipzig 1961
LEIGH, J.B., ROSENBAUM, G.: Synchrotron X-ray sources: a new tool in biological structural and kinetic analysis. An. Rev. Bioph. and Bioeng. **5**, 239 (1976)
NEMETSCHEK, Th.: Biosynthese und Alterung von Kollagen. Sitzungsber. Heidelberg. Akad. Wiss. Math.-Naturw. Kl. (1974). S. 49, 3. Abh.
NEMETSCHEK, Th., BOWITZ, R., NEMETSCHEK-GANSLER, H.: Alterung kollagener Fibrillen. Verh. dtsch. Ges. Path. **59**, 34 (1975)
NEMETSCHEK, Th., GRASSMANN, W., HOFMANN, U.: Über die hochunterteilte Querstreifung des Kollagens. Z. Naturforsch. **10b**, 61 (1955)
NEMETSCHEK, Th., HOSEMANN, R.: A kink model of native collagen. Kolloid. Z. u. Z. Polymere **251**, 1044 (1973)
NEMETSCHEK, Th., JONAK, R., MEINEL, A., NEMETSCHEK-GANSLER, H., RIEDL, H.: Knickdeformationen an Kollagen. Arch. orthop. Unfall-Chir. **89**, 249 (1977)
NEMETSCHEK, Th., MACK, S.: Universalküvette zur Anfertigung von Faserdiagrammen in Weit- und Kleinwinkelbereich. G-I-T Fachz. Lab. **17**, 942 (1973)
PESCHL, K., ADLFINGER, K.H.: Thermodynamic investigations of thin liquid layers between solid surfaces. Z. Naturforsch., **26a**, 707 (1971)
RANDALL, J.T.: Observations on the collagen system. J. Soc. Leather Trades Chem. **38**, 362 (1954)
RIEDL, H., MORAW, B., JONAK, R.: E-Modul-Bestimmung kollagener Fasern. Colloid & Polymer Sci. **255**, 174 (1977)
ROSENBAUM, G.: Private Mitteilung (1977)
ROSENBAUM, G.: HOLMES, K.C., WITZ, J.: Synchrotron radiation as a source for X-ray diffraction. Nature (Lond.) **230**, 434 (1971)
TORP, S., BEAR, E., FRIEDMAN, B.: Effects of age and of mechanical deformation on the ultrastructure of tendon. Proceedings of 1974 Colston Conference, Department of Physics
VIIDIK, A., EKHOLM, R.: Light and electron microscopic studies of collagen fibers under strain. Z. Anat. Entwickl.-Gesch. **127**, 154 (1968)
ZECH, M., ARNOLD, G.: Zur Analyse der mechanischen Eigenschaften von Sehnen mit dem Analogrechner. Verh. anat. Ges. **69**, 771 (1975)

Sitzungsberichte
der
Heidelberger Akademie der Wissenschaften

Mathematisch-naturwissenschaftliche Klasse

Jahrgang 1977

Springer-Verlag Berlin Heidelberg GmbH 1977

Das Werk ist urheberrechtlich geschützt. Die dadurch begründeten Rechte, insbesondere die der Übersetzung, des Nachdruckes, der Entnahme der Abbildungen, der Funksendung, der Wiedergabe auf photomechanischem oder ähnlichem Wege und der Speicherung in Datenverarbeitungsanlagen bleiben, auch bei nur auszugsweise Verwertung, vorbehalten.

Bei Vervielfältigung für gewerbliche Zwecke ist gemäß §54 UrhG eine Vergütung an den Verlag zu zahlen, deren Höhe mit dem Verlag zu vereinbaren ist.

© by Springer-Verlag Berlin Heidelberg 1977
Ursprünglich erschienen bei Springer-Verlag Berlin Heidelberg New York in 1977

Die Wiedergabe von Gebrauchsnamen, Warenbezeichnungen usw. in diesem Werk berechtigt auch ohne besondere Kennzeichnung nicht zu der Annahme, daß solche Namen im Sinne der Warenzeichen- und Markenschutz-Gesetzgebung als frei zu betrachten wären und daher von jedermann benutzt werden dürften.

ISBN 978-3-540-08618-5   ISBN 978-3-662-08825-8 (eBook)
DOI 10.1007/978-3-662-08825-8

Inhalt

Jahrgang 1977

H. Schaefer: Kind – Familie – Gesellschaft 1

F. Gross: Homo Pharmaceuticus 61

G. Döhnert: Über lymphoepitheliale Geschwülste. Erkenntnisse anhand der Gewebekultur und vergleichender klinischer, morphologischer und virologischer Untersuchungen 91

W. Doerr, J. A. Roßner: Toxische Arzneiwirkungen am Herzmuskel. Cardiovasculäre Therapie aus der Sicht der pathologischen Anatomie 169

H. Riedl, Th. Nemetschek: Molekularstruktur und mechanisches Verhalten von Kollagen 209

Supplementbände zu den Sitzungsberichten der Heidelberger Akademie der Wissenschaften, Mathematisch-naturwissenschaftliche Klasse
Veröffentlichungen aus der Forschungsstelle für Theoretische Pathologie

W.-W. Höpker: Das Problem der Diagnose und ihre operationale Darstellung in der Medizin (Supplement 1/Jahrgang 1977)

H.A. Gathmann, R.D. Meyer: Der Kleeblattschädel. Ein Beitrag zur Morphogenese (Supplement 2/Jahrgang 1977)

Sitzungsberichte der Heidelberger Akademie der Wissenschaften
Mathematisch-naturwissenschaftliche Klasse
Erschienene Jahrgänge

Inhalt des Jahrgangs 1968:
1. A. Dinghas. Verzerrungssätze bei holomorphen Abbildungen von Hauptbereichen automorpher Gruppen mehrerer komplexer Veränderlicher in eine Kähler-Mannigfaltigkeit. (vergriffen).
2. R. Kiehl. Analytische Familien affinoider Algebren. (vergriffen).
3. R. Düren, G.-P. Raabe und Ch. Schlier. Genaue Potentialbestimmung aus Streumessungen: Alkali-Edelgas-Systeme. (vergriffen).
4. E. Rodenwaldt. Leon Battista Alberti – ein Hygieniker der Renaissance. (vergriffen).

Inhalt des Jahrgangs 1969/70:
1. N. Creutzburg und J. Papastamatiou. Die Ethia-Serie des südlichen Mittelkreta und ihre Ophiolithvorkommen. (vergriffen).
2. E. Jammers, M. Bielitz, I. Bender und W. Ebenhöh. Das Heidelberger Programm für die elektronische Datenverarbeitung in der musikwissenschaftlichen Byzantinistik. (vergriffen).
3. M. Knebusch. Grothendieck- und Wittringe von nichtausgearteten symmetrischen Bilinearformen. (vergriffen).
4. W. Rauh und K. Dittmar. Weitere Untersuchungen an Didiereaceen. 3. Teil. (vergriffen).
5. P. J. Beger. Über ,,Gurkörperchen" der menschlichen Lunge. (vergriffen).

Inhalt des Jahrgangs 1971:
1. E. Letterer. Morphologische Äquivalentbilder immunologischer Vorgänge im Organismus. (vergriffen).
2. J. Herzog und E. Kunz. Die Wertehalbgruppe eines lokalen Rings der Dimension 1. (vergriffen).
3. W. Maier. Aus dem Gebiet der Funktionalgleichungen. (vergriffen).
4. H. Hepp und H. Jensen. Klassische Feldtheorie der polarisierten Kathodenstrahlung und ihre Quantelung. (vergriffen).
5. H. Koppe und H. Jensen. Das Prinzip von d'Alembert in der Klassischen Mechanik und in der Quantentheorie. (vergriffen).
6. W. Doerr. Wandlungen der Krankheitsforschung. (vergriffen).
7. K. Hoppe. Über die spektrale Zerlegung der algebraischen Formen auf der Graßmann-Mannigfaltigkeit. (vergriffen).

Inhalt des Jahrgangs 1972:
1. W. H. H. Petersson. Über Thetareihen zu großen Untergruppen der rationalen Modulgruppe. (vergriffen).
2. W. Doerr. Pathologie der Coronargefäße. Anthropologische Aspekte. (vergriffen).
3. H. Bippes. Experimentelle Untersuchung des laminar-turbulenten Umschlags an einer parallel angeströmten konkaven Wand. (vergriffen).
4. K. Goerttler. Stimme und Sprache. (vergriffen).
5. B. L. van der Waerden. Die ,,Ägypter" und die ,,Chaldäer". (vergriffen).

Inhalt des Jahrgangs 1973:
1. V. Becker. Form, Gestalt und Plastizität. (vergriffen).
2. H. Neunhöffer. Über die analytische Fortsetzung von Poincaréreihen. (vergriffen).
3. F. W. Rieben. Zur Orthologie und Pathologie der Arteria vertebralis. (vergriffen).
4. W. Doerr. Über die Bedeutung der pathologischen Anatomie für die Gastroenterologie. (vergriffen).
   V. H. Bauer. Das Antonius-Feuer in Kunst und Medizin. Supplement zum Jahrgang 1973. DM 58.00.

MIX
Papier aus verantwortungsvollen Quellen
Paper from responsible sources
FSC® C105338

If you have any concerns about our products,
you can contact us on
ProductSafety@springernature.com

In case Publisher is established outside the EU,
the EU authorized representative is:
**Springer Nature Customer Service Center GmbH
Europaplatz 3, 69115 Heidelberg, Germany**

Printed by Libri Plureos GmbH
in Hamburg, Germany